Quantenphysik für Einsteiger

Entdecken Sie die Geheimnisse der Quantenphysik

Urheberrechtsverletzung gemäß der zum Zeitpunkt der Veröffentlichung und in den darauffolgenden Zeiträumen geltenden geltenden Gesetzgebung.

Die Daten, Darstellungen, Ereignisse, Beschreibungen und alle anderen Informationen sind wahr, fair und genau, es sei denn, das Werk wird ausdrücklich als fiktionales Werk beschrieben. Unabhängig von der Art dieses Werks ist der Herausgeber von jeglicher Verantwortung für Handlungen befreit vom Leser im Zusammenhang mit dieser Arbeit übernommen.

Der Herausgeber erkennt an, dass der Leser aus eigenem Antrieb handelt und entbindet den Autor und Herausgeber von jeglicher Verantwortung für die Einhaltung von Tipps, Ratschlägen, Ratschlägen, Strategien und Techniken, die in diesem Band angeboten werden.

INHALTSVERZEICHNIS

Einleitung 7

Kapitel 1 Was ist Quantenphysik? 11

Der Großvater der Atomforschung 13

Avogadro und seine Gase 16

Bau des Atom 20

Radioaktivität, Isotope und bahnbrechende Forschung

....24

Erhaltung von Materie, Energie und Masse 32

Kapitel 2 Teilchen, Wellen und die de Broglie-Gleichung 43

Teilchentheorie 44

Wellentheorie 53

de Broglies Hypothese von Teilchen und Wellen 58

de Broglies Gleichung 61

Kapitel 3 Das Bohr-Modell, die Schrödinger-Gleichung,

und die Auswirkungen von de Broglies Hypothese 64

Atomstruktur und Teilchen neu denken Wellendualität 66

Beziehung zwischen Schrödingers Gleichung und de Broglies Gleichung 71

Anpassung der Grundlagen an die Weiterentwicklung
des Wissens 74

Kapitel 4 Die Planck-Konstante **78**

Max Planck und sein Frühwerk 79

Schwarze Körper und das elektromagnetische Spektrum
....82

Plancks Gesetz und Entwicklung der Konstante 85

Messung und Verhalten Plancksche Wirkungskonstante
....89

Entwicklung und Verwendung der reduzierten Planck-
Konstante, eine weitere Verwendung für Planck 92

Kapitel 5 Heisenbergs Unsicherheitsprinzip 97

Heisenbergs Anfänge in der Physik 98

Die Entwicklung des Unsicherheitsprinzips 102

Mathematische Unsicherheit und die Planck-Konstante
in Aktion 108

Trennung der Unsicherheit vom Beobachtereffekt ..110

Korrekturen, Widerlegungen und Anpassungen des
Unsicherheitsprinzips 112

**Kapitel 6 Einstein und seine
Grundlagenphysik** **115**

Frühes Leben und Werk 116

Brownsche Bewegung 119

Der photoelektrische Effekt 121

5

Allgemeine Relativitätstheorie, Spezielle
Relativitätstheorie und Massenäquivalenz 127
Spätere Jahre und bleibende Auswirkungen von
Einsteins Werk 146
Kapitel 7 Ein Blick in die Zukunft von
Quantum stud y **152**
Quantenmechanik im 155
21. Jahrhundert 155
Quantenphysik im 159
21. Jahrhundert 159
Anhang A: Zeitleiste der wichtigsten
Durchbrüche in der frühen Quantenphysik 170
Anhang B: Formeln und Gleichungen **173**
Fazit **176**

Einführung

Willkommen bei der Quantenphysik für Anfänger! Allein der Ausdruck „Quantenphysik" kann selbst den wissenschaftlich versiertesten Menschen Angst einjagen, aber dieses Buch soll die Grundprinzipien, die die Grundlagen der Quantenphysik bilden, entmystifizieren und Ihnen ein fundiertes Verständnis vermitteln von dem aus Sie Ihr Wissen weiter ausbauen können .

Auch wenn Sie vielleicht nicht darüber nachdenken, nutzen Sie die Quantenphysik täglich. Jedes Mal, wenn Sie eine Glühbirne anzünden oder in Ihr Fahrzeug steigen, um irgendwohin zu fahren, hat die Quantenphysik eine Rolle dabei gespielt, Ihnen diese Technologie näher zu bringen. Einfach ausgedrückt ist Quantenphysik das Studium von Wie die kleinsten Teile unseres Universums funktionieren und interagieren. Das Gebiet zieht die klügsten Köpfe sowohl der Naturwissenschaften als auch der Mathematik an, die gemeinsam den größten Teil des letzten Jahrhunderts damit verbracht haben, neue Wege zur Beschreibung,

Erklärung und Manipulation von Atomen und Molekülen zu finden.

wären Raumfahrt und Erforschung unmöglich. Die Satelliten, die die Erde umkreisen, wären nie gebaut worden. Daher sind viele Gesundheitsdienstleister auf Bildgebung und Behandlung angewiesen.

Die Computerchips, die unsere Mobiltelefone antreiben, das Kühlmittel, das durch unsere Kühlschränke und Klimaanlagen fließt, und das Brennen der Sonne selbst werden alle durch Quantenphysik angetrieben.

Quantenphysik für Anfänger wird Ihnen helfen, die Geschichte hinter der Wissenschaft kennenzulernen, einschließlich Bohrs frühester Atommodelle und wie andere seine Arbeit nutzten, um ihre eigenen Theoreme zu entwickeln. Wir werden uns die Beziehung zwischen Bohrs Modell und der De-Broglie-Gleichung ansehen die Weiterentwicklung der Teilchen- und Wellentheorie, die diese Entwicklung mit sich brachte.

Ausgehend von diesen ursprünglichen Hypothesen werden wir eine Diskussion über eine der der Quantenphysik zugrunde liegenden Regeln, die Planck-Konstante, und ihr Gegenstück, das Heisenberg-

Unsicherheitsprinzip, beginnen.

Das Buch endet mit einer eingehenden Untersuchung der Arbeit des vielleicht berühmtesten Physikers der Welt, Albert Einstein. Einsteins Theoreme und nachfolgende Gleichungen bildeten die Grundlage der modernen Quantenphysik; er brachte die Bausteine des Studiums zusammen und vereinte sie heute verwendet und wird auch in Zukunft verwendet werden. Einsteins bahnbrechende Werke, einschließlich seiner Relativitätstheorie, sind die Grundlage für fast alle Studien und Fortschritte der Quantenphysik im 21. Jahrhundert. Einstein war in der Lage, das von anderen vor ihm gesammelte Wissen zu nutzen, Erstellen Sie Theorien, die frühe Prinzipien miteinander verbinden und die Wissenslücke zwischen der Geschichte und der Zukunft der Quantenphysik schließen.

Quantenphysik für Anfänger möchte Ihnen einen grundlegenden Einblick in die fantastische Welt der Wissenschaft und Mathematik geben, die die Funktionsweise des Universums bestimmt. Mit leicht verständlichen Erklärungen und Definitionen wird dieses Buch die Gleichungen und die Geschichte dahinter aufschlüsseln Schauen Sie sich die außergewöhnlichen Männer an, die die kleinsten Fragmente des Universums entdeckten und versuchten, sie für die Wissenschaft nutzbar zu machen. Wenn Sie bereit sind, in die Welt der Quantenphysik einzutauchen, fangen wir an.

Die Wunder des Universums erwarten Sie, los geht's!

Kapitel 1

Was ist Quantenphysik?

Das Studium der Quantenphysik ist eine der neueren Disziplinen der Wissenschaft, hat aber seine Wurzeln in jahrhundertelang angesammeltem Wissen. Die Physik selbst ist ein weites wissenschaftliches Gebiet, das die Erforschung von Natur, Materie und Energie umfasst. Materie wirkt und reagiert, beispielsweise durch Licht, Schall, kinetische Energie, Magnetismus und das Verhalten des Atoms. Die Quantenphysik versucht, Fragen zu Materie und Energie auf ihren kleinsten, grundlegendsten Ebenen und breitesten, universellsten Ebenen zu beantworten. Die Geschichte der Faktoren, die in der modernen Quantenphysik eine Rolle spielen Die Physik gibt Aufschluss darüber, wie diese Konzepte das Studienfach prägen, das wir heute sehen.

Die Quantenphysik entstand aus den bescheidenen Anfängen der klassischen Physik, die erforscht wurde, seit die Sumerer zum ersten Mal den Meißel auf das Tablett setzten. Die einfachen Maschinen, die wir alle in der Grundschule kennengelernt haben, sind Beispiele klassischer Physik in Aktion. Und wir sind sicher, dass das bei jedem der Fall ist Ich habe die Geschichte von Archimedes gehört, der Volumen und Verschiebung in seiner antiken griechischen Badewanne entdeckte. Die Wahrheit ist, dass die Physik immer und überall um uns herum ist. Die Schwerkraft hält Sie gerade davon ab, davonzuschweben. Die Straße und Ihre Scheinwerfer, die Ihnen den Weg erhellen. Ohne die Physik wären wir nicht in der Lage, den Lebensstil der Moderne zu genießen. Da wir hier sind, um über die Quantenphysik zu sprechen, werfen wir zunächst einen Blick auf die Ursprünge der Disziplin, beginnend mit der ersten Atomtheorie.

Der Großvater der Atomforschung

Das Atom selbst bildet die Grundlage für das Spezialgebiet der Quantenphysik.

Obwohl das Atom erstmals 400 v. Chr. von einem griechischen Philosophen namens Demokrit beschrieben wurde, entwickelte der britische Chemiker John Dalton die erste wissenschaftliche Atomtheorie erst 1803.

Dalton war ein Pionier der prädiktiven Meteorologie und der Erforschung der genetischen Farbenblindheit, bevor er sich der Atomchemie zuwandte. Er veröffentlichte 1808 einen Satz, der die seiner Ansicht nach fünf Eigenschaften des Atoms detailliert darlegte.

1- Atome können nicht zerstört oder geteilt werden

2- Alle Atome in einem einzelnen Element sind identisch

3- Atome verschiedener Elemente haben unterschiedliche Eigenschaften und Gewichte

4- Die Atome verschiedener Elemente können in einfachen Zahlen zu Molekülen kombiniert werden (Dalton verwendete das Wort „ *Verbindungen* ").

5- Atome können weder erschaffen noch zerstört

werden; alle Materie wird in wiederherstellbare, unveränderte Atome zerfallen.

Mithilfe dieser Prinzipien erstellte Dalton auch das erste rudimentäre Periodensystem. Es enthielt nur sechs Elemente – Wasserstoff, Sauerstoff, Stickstoff, Kohlenstoff, Schwefel und Phosphor –, zeigte aber die relativen Gewichte eines Atoms jedes Elements basierend auf der Bedeutung von Wasserstoff von einem (1). Dalton gab der wissenschaftlichen Gemeinschaft eine solide Grundlage, auf der sie das Gebiet aufbauen konnte, das wir heute als Quantenphysik kennen. Tatsächlich hat sich in den über zwei Jahrhunderten, seit Dalton seine Atomtheorie erstmals in einer Broschüre mit dem Titel veröffentlichte, sehr wenig geändert *Ein neues System der chemischen Philosophie* .

Die einzige bedeutende Änderung seiner Theorie in den mehr als zwei Jahrhunderten seit ihrer Veröffentlichung besteht darin, dass wir jetzt wissen, dass das Atom nicht die kleinste Einheit der Materie ist; die einzelnen Komponenten eines Atoms können auch gesehen und gemessen werden. kann gespalten werden, und das

14

haben wir die Technologie dazu.

Avogadro und seine Gase

Auf der Grundlage der Arbeit von Dalton begann der italienische Wissenschaftler Amedeo Avogadro mit seiner bahnbrechenden Untersuchung des Verhaltens von Gasen. Avogadro glaubte, dass eine von Daltons Theorien zu diesem Thema einen Fehler aufweisen könnte. Zwar gab es in Daltons physikalischer Arbeit keinen Fehler war ein kleiner Fehler in seiner Interpretation, wie Wasser Kohlendioxid, Stickstoff und andere verschiedene Gase absorbiert. Dalton glaubte, dass sich das Wasser je nach Konzentration der Gase unterschiedlich verhielt. Gewicht der Gase, die die unterschiedlichen Reaktionen hervorriefen.

Avogadros bedeutendstes Vermächtnis auf dem Gebiet der Quantenphysik ist seine gleichnamige Nummer, hier zu sehen:

$$6{,}02214076 \times 10^{23} = 1 \text{ Mol}$$

Diese Gleichung stellt die Anzahl der Teilchen (Atome, Moleküle, Ionen usw.) dar, die in einer Substanz enthalten sind, die bei einem bestimmten Volumen, Druck und einer bestimmten Temperatur gehalten wird. Diese Einheit ist jetzt als Mol bekannt und wird als SI-

Einheit mit erkannt das Symbol mol. Avogadro stellte eine Theorie auf und bewies anschließend, dass dies eine universelle Wahrheit ist, die für alle Gase gilt, und dass ein gleiches Volumen jedes Gases bei gleicher Temperatur und gleichem Druck unabhängig vom Atomgewicht diese Anzahl an Teilchen enthält. Die Gleichung besagt, dass dies möglich ist kann verwendet werden, um Atome in Mol und Mol in Atome umzuwandeln, basierend auf dem Wissen, über das der Wissenschaftler bereits verfügt. Dies liegt daran, dass das Molgewicht einer Substanz und das Atomgewicht der Substanz gleich sind. Zum Beispiel:

- Wassermoleküle bestehen aus zwei Wasserstoffatomen und einem Sauerstoffatom

- Das kombinierte Molekulargewicht eines Wassermoleküls beträgt 18,015 amu (atomare Masseneinheiten).

- Daher wiegt ein Mol Wasser 18,015 Gramm, ausgedrückt in g/mol.

Die Möglichkeit, die Atomgewichte zu berechnen und die Masse in molare Einheiten umzuwandeln, macht es für Wissenschaftler viel einfacher, mit großen Zahlen zu arbeiten und die große Anzahl von Atomen zu verstehen, aus denen jede bekannte Substanz besteht.

Schauen wir uns eine Berechnung an, bei der wir das Atomgewicht kennen, aber die Anzahl der Atome in einer bekannten Kohlenstoffprobe berechnen müssen, die ein Atomgewicht von 12 amu hat.

Kohlenstoff wird regelmäßig als Standard verwendet, an dem alle anderen Atomgewichte gemessen werden, da dies die Substanz ist, auf der Avogadro seine Gleichung aufbaute.

- 12 Gramm Kohlenstoff-12 haben eine Atommenge von 1 Mol ($6,022 \times 10^{23}$)

- Um das Molgewicht oder die Molmenge einer anderen Substanz zu berechnen, setzen Sie einfach die Zahl ein, die Sie kennen, und die Variablen, die Sie nicht kennen. Diese Gleichungen sehen wie folgt aus:

Wenn Sie die Anzahl der Mol (x) kennen, aber die Anzahl der Atome (y) berechnen müssen, verwenden Sie diese Gleichung:

$$x \, Mol \cdot \frac{6,022 \times 10^{23}}{1 \, Mol} = y \, Atome$$

eine Anzahl von Atomen in eine molare Menge

umzuwandeln, indem man sie durch die Avogadro-Zahl dividiert.

Wenn Sie die Anzahl der Atome (x) kennen, aber die Anzahl der Mol (y) berechnen müssen, verwenden Sie diese Form der Gleichung:

$$\frac{x \text{ Atome}}{6{,}022 \times 10^{23} \text{ Atome}} = y \text{ } \textit{Mol}$$
$$1 \text{ Mol}$$

Das lässt sich schreiben ohne einen Bruchteil in der Nenner von multiplizieren Die Nummer von Atome von Die reziprok von Avogadros Nummer :

$$x \text{ } \textit{Atome} \cdot \frac{1 \text{ Mol}}{6{,}022 \times 10^{23}} = \textit{y Mol}$$

Da die Avogadro-Zahl bei der Berechnung des Atomgehalts und der Molgewichte so nützlich ist , wird sie oft als Avogadro-Konstante bezeichnet.

Dies ist besonders nützlich, wenn es Wissenschaftlern ermöglicht, eine große Anzahl von Teilchen mit einer SI-Einheit zu kommunizieren.

Das Atom konstruieren

Wie wäre es ohne fundierte Kenntnisse der Struktur des Atoms möglich, sein Verhalten zu untersuchen und seine Eigenschaften zu bestimmen? Einfach ausgedrückt wäre dies nicht der Fall, und daher ist es wichtig, die Arbeit der Wissenschaftler anzuerkennen, die an der Entwicklung des ersten Atoms gearbeitet haben Modelle eines Atoms, wie wir sie heute verstehen. Diese frühen Modelle waren nicht perfekt, vermittelten den späteren Forschern jedoch ein besseres Verständnis dafür, wie diese winzigen Materieteilchen funktionieren und interagieren.

Eines der frühesten Modelle des Atoms wurde 1904 vom britischen Physiker JJ Thomson erstellt und ist als „Plum Pudding"-Modell bekannt. Thomson wird die Entdeckung des negativ geladenen atomaren Unterteilchens zugeschrieben, das heute Elektron genannt wird. Thomson erkannte das für ein Um das Atom zusammenzuhalten, muss es auch eine entgegenwirkende positive Ladung geben. Benannt nach dem beliebten britischen Dessert Brotpudding mit Rosinen, zeigte das Plumpudding-Modell des Atoms ein positives Feld (den Pudding), in das negative Elektronen (die Rosinen) eingebettet waren). Thomson war auf dem richtigen Weg, aber das Atommodell war noch nicht ganz da.

Der nächste Fortschritt im Arbeitsmodell eines Atoms erfolgte durch die Forschungen von Ernest Rutherford und seinen Schülern Hans Geiger und Ernest Marsden im Jahr 1911. Bei den Geiger-Marsden-Experimenten wurde dünne Goldfolie mit Alphastrahlen beschossen. Etwa 90 % der Strahlen gingen verloren durch die Folie. Der andere Prozentsatz wurde abgelenkt, was die Wissenschaftler zu der Annahme veranlasste, dass etwas die Ablenkung verursachte. Diese Beobachtung wiederum führte sie zu der Hypothese, dass jedes Atom tatsächlich ein Zentrum oder einen Kern hatte. Das resultierende Modell war die erste Wolke Darstellung des Atoms, eines mit einem Kern, dessen Elektronen in regelmäßigen Bahnen schweben, anstatt zufällig herumzuspringen, wie es das Plumpudding-Modell dargestellt hatte.

Im Jahr 1913 wurde das Modell in Zusammenarbeit mit dem dänischen Physiker Niels Bohr leicht aktualisiert, um zu erkennen, dass der Atomkern aus dem subatomaren Teilchen besteht, das heute als Proton bekannt ist. Das Proton und das Elektron arbeiten zusammen, um das Atom auf einem neutralen elektrischen Strom zu halten Das Rutherford-Bohr-Modell wird allgemein einfach als Bohr-Modell bezeichnet. Es ist diese Darstellung, die die überwiegende Mehrheit der Menschen, vom jüngsten Grundschüler der Naturwissenschaften bis hin zu den fortgeschrittensten theoretischen Physikern, heute verwendet und mit der sie vertraut ist.

Erst als der Physiker und ehemalige Rutherford-Student James Chadwick 1932 das Neutron entdeckte, wurde das Gesamtbild des Atoms klar. Während die Forschung auf dem Gebiet der Radioaktivität rasch Fortschritte machte (mehr dazu gleich), waren es auch die Wissenschaftler Ich finde es schwierig, die Atomgewichte von Elementen allein auf der Grundlage der Anwesenheit von Protonen und Elektronen in Einklang zu bringen. Während die Anzahl der Protonen in einem Atom seine Ordnungszahl definiert, bestimmt die Masse des Kerns sein Atomgewicht. Woher kam also der Unterschied *? von?* Chadwick stellte die Theorie auf, dass es im Kern ein weiteres Teilchen geben muss, das das Atomgewicht beeinflusst, nicht jedoch die elektrische Ladung des Atoms.

Basierend auf dieser Hypothese führte Chadwick eine Reihe von Experimenten mit Alpha- und Gammastrahlung durch, um seine Theorien zu beweisen. Die Ergebnisse zeigten die Freilegung eines neuen subatomaren Teilchens, des Neutrons.

Neutronen vermischen sich mit Protonen im Atomkern und lösten das Rätsel, warum Atomgewichte nicht gleich der Ordnungszahl waren. Diese Entwicklung im Verständnis des Aufbaus des Atoms brachte Chadwick 1935 den Nobelpreis für Physik ein und veränderte die Welt für immer Gesicht der Quantenphysik.

Radioaktivität, Isotope und
bahnbrechende Forschung

Das Lustige an der Entdeckung subatomarer Teilchen und der ersten genauen Modelle des Atoms ist, dass diese Fortschritte erst spät in der ersten Welle der Entwicklungen in der Quantenphysik erfolgten.

Die Erstellung dieser genauen Modelle gab den nachfolgenden Wissenschaftlern jedoch die Möglichkeit, auf die Arbeit ihrer Vorgänger zurückzublicken und ihre Forschung dazu zu nutzen, das Gebiet der Quantenphysik sprunghaft zu erweitern.

Die Arbeit der ersten Teilchenphysiker ist nicht zu übersehen.

Der französische Wissenschaftler Henri Becquerel, der auch mit Pierre und Marie Curie zusammenarbeitete, experimentierte mit phosphoreszierenden Mineralien, als er bei der Untersuchung von Uransalzen auf den ersten aufgezeichneten Fall spontaner Radioaktivität stieß. Angespornt durch die Entdeckung der Röntgenstrahlen durch seinen Kollegen Wilhelm Röntgen Anfang 1896 spekulierte Becquerel, dass

Uransalze auf ähnliche Weise funktionieren könnten, und glaubte, er könne die Kraft ihrer Phosphoreszenz nutzen, indem er sie hellem, sonnenähnlichem Licht aussetzte.

Was Becquerel bald entdecken sollte, war, dass er keine Lichtquelle brauchte, um die Phosphoreszenz der Uransalze zu aktivieren. In Verbindung mit Forschungen zu Thorium sowie Arbeiten zu Polonium und Radium, die von den Curies durchgeführt wurden, Theorien und Beweisen für natürliche Radioaktivität In den Jahren vor der Wende zum 20. Jahrhundert kam es zu einem Schneeballeffekt. Ironischerweise hatte ein Kollege von Becquerels Vater, die beide ebenfalls frühe Physiker waren, die Radioaktivität fast vierzig Jahre vor den Entdeckungen des jüngeren Becquerel fast zufällig entdeckt.

Dieser Wissenschaftler, der Franzose Abel Niépce de Saint-Victor, erforschte Fotografie und lichtempfindliche Verarbeitungsmaterialien, als er feststellte, dass Chemikalien auf Uranbasis Fotoplatten belichten konnten, bevor sie der Lichtverarbeitung unterzogen wurden.

Wenn er neugierig genug gewesen wäre, noch einen Schritt weiter zu gehen und herauszufinden, warum Uran diese Wirkung auf diesen Fotoplatten hatte, hätte er möglicherweise den Nobelpreis für diese Entdeckung gewonnen.

Wissenschaftler konnten sich die Kraft der Radioaktivität zunutze machen, noch bevor sie genau verstanden hatten, was dieses Verhalten verursachte. Neben der Entdeckung der Röntgenstrahlen waren auch frühe Arbeiten mit Alpha-, Beta- und Gammastrahlen im Gange. „Wie" der Radioaktivität und Strahlung, auch wenn sie das „Warum" noch nicht verstanden. Die Verwendung dieser Strahlen war ein großer Fortschritt in der frühen Quantenphysik, und Wissenschaftler wie Becquerel, die Curies, Rutherford und ihre Studenten und Kohorten konnten in ihrer Quantenphysik erhebliche Fortschritte erzielen Experimentieren durch den Einsatz von Strahlen.

Was diese bahnbrechenden Physiker verstanden haben, ist, dass sich jedes Atom jedes Elements in einem ständigen Wandel befindet.

Diese Bewegung erzeugt Abfallenergie, die in Form von

Strahlung abgegeben wird. Einige Elemente sind stabiler als andere und benötigen daher wenig Energie, um ihre Struktur aufrechtzuerhalten. Andere Elemente wie Radium, Uran und Thorium sind viel weniger stabil. Sie Um ihre Form beizubehalten, benötigen sie eine große Menge an Atomenergie. Folglich weisen diese Elemente ein höheres Maß an Radioaktivität auf.

Mit diesem Wissen konnten Wissenschaftler mit der Konzentration dieser Strahlung beginnen. Es wurde natürlich entdeckt, dass Röntgenstrahlen in Kombination mit der fotografischen Verarbeitung nützlich sind, um in festen Objekten verborgene Bilder freizulegen. Es war Rutherford, der Alpha-, Beta- und Gammastrahlen klassifizierte . Rutherford benannte und kategorisierte die Strahlungsarten anhand ihrer Fähigkeit, andere feste Substanzen zu durchdringen. Alphastrahlung besteht aus größeren, sich langsamer bewegenden Partikeln. Betastrahlung ist schneller und besteht aus etwas kleineren Partikeln als Alphastrahlung. Gammastrahlung besteht aus winzigen , sich schnell bewegende Teilchen , dringen problemlos in die meisten Objekte ein, unabhängig von Dichte oder Masse. Es gibt natürlich auch andere Arten von Strahlung; elektromagnetische Emissionen wie Mikrowellen sowie Infrarot-, Ultraviolett- und sichtbares Licht werden ebenfalls als Strahlung klassifiziert.

Radioaktivität, der von Becquerel geprägte und durch die Curies berühmt gewordene Begriff, steht in direktem Zusammenhang mit dem Atomkern und seinem natürlichen Zerfall.

Nachdem die Radioaktivität einmal entdeckt worden war, war es kein großer Sprung, herauszufinden, was genau sie verursachte und was einige Atome von anderen unterscheidet.

Es wäre ein anderer Rutherford-Kollege, Frederick Soddy, der als erster auf die Existenz von Isotopen hinweisen würde – Variationen der subatomaren Zusammensetzung von Atomen derselben Elemente. Wie sich herausstellte, ist der Kern eines Atoms, der aus Protonen und Neutronen besteht, kann eine variable Anzahl von Neutronen haben, was sich auf die Stabilität des Kerns auswirkt .

In Elementen mit hohen radioaktiven Werten wie Uran oder Thorium sind Isotope oft instabil und geben häufig Neutronen ab, was zu schnellen Veränderungen und Zusammenbrüchen führt. Dazu gehören auch Becquerel, Marie und Pierre Curie, deren bahnbrechende Forschungen zu dieser Art hochradioaktiver Substanzen Als erster erkannte er, dass die starke Gammastrahlung, die ausgesandt wurde, auch die Ursache für schreckliche, irreversible Zellschäden war, von denen wir heute wissen, dass es sich um eine Strahlenvergiftung handelt. Becquerel starb an den Folgen schwerer Verbrennungen, die später, wie sich später herausstellte, durch seinen ungeschützten Umgang mit Uran ausgelöst wurden Vielleicht wäre auch Pierre Curie an einer Strahlenvergiftung erkrankt, wenn er nicht 1906 bei einem Kutschenunglück ums Leben gekommen wäre. Sein Leben und seine wissenschaftlichen Erfolge wurden auf tragische Weise abgebrochen, aber Marie setzte ihre Arbeit mit Hilfe ihrer Tochter Irene bis zu ihrem eigenen fort Tod durch strahlenbedingte Leukämie im Jahr 1934.

Sie ist nach wie vor die einzige Frau, die zwei Nobelpreise gewonnen hat: den ersten in Physik für die Arbeit der Curies an der Seite von Becquerel im Jahr

1903 und den zweiten in Chemie für ihre Entdeckung von Polonium und Radium.

Alle Elemente haben ein Maß für Radioaktivität.

Die von Becquerel, Rutherford und den Curies veröffentlichten Forschungsergebnisse führten zu einem weitaus besseren Verständnis der Natur des Atoms, der Messung des radioaktiven Zerfalls und der sicheren und zielgerichteten Nutzung von Strahlung.

Die Entdeckung der Existenz von Isotopen brachte der Welt mobile Röntgengeräte, Kohlenstoff-12-Datierung und schließlich Atomkraft und Atomwaffen.

Dies alles ist den Isotopen und ihren Zerfallsmustern zu verdanken.

Wenn Sie sich an John Daltons Eigenschaften eines Atoms erinnern, sagt er ausdrücklich, dass Atome weder erschaffen noch zerstört werden können. Während wir jetzt über die Technologie verfügen, um Dalton das Gegenteil zu beweisen, hatte er auch in einem kritischen Teil dieser Eigenschaft Recht. Sie können nicht erschaffen oder zerstört werden zerstört, wie Antoine Lavoisiers Gesetz zur Erhaltung der Masse von 1789 zeigt.

Werfen wir einen genaueren Blick darauf, was bei einem chemischen Prozess oder einem radioaktiven Zerfall mit der Materie passiert.

Erhaltung von Materie, Energie
und Masse

Es gibt Gesetze, die alles regeln, was wir über physikalische Materie und Energie wissen, und diese universellen Gesetze bilden im Laufe der Geschichte der Physik sowohl das Rückgrat als auch die begrenzenden Faktoren.

Das Gesetz zur Erhaltung der Materie, auch Massenerhaltung genannt, besagt, dass keine Materie erschaffen oder zerstört, sondern nur in eine andere Form umgewandelt werden kann.

Zusammen sagen uns diese beiden Gesetze alles, was wir über das Gleichgewicht chemischer und physikalischer Reaktionen wissen müssen einschließlich Radioaktivität. Die Rohstoffe, aus denen alle Dinge bestehen, sind kleinste subatomare Teilchen und die Energie, die sie abgeben.

Wenn Sie die fortgeschritteneren Prinzipien der Quantenphysik studieren möchten, ist es wichtig, diese Gesetze im Hinterkopf zu behalten. Bevor die Erhaltungssätze hypothetisch aufgestellt, getestet und zementiert wurden, war Alchemie eine beliebte Praxis, und überraschenderweise hatten Alchemisten dies richtige Idee, auch wenn sie Blei nie in Gold verwandelt haben.

Es ist möglich, ein Element in ein anderes umzuwandeln, aber als Soddy die Forschung entwickelte, die zur Entdeckung von Isotopen führte, war er auch maßgeblich an der Schaffung des Gesetzes der radioaktiven Verschiebung beteiligt Element emittiert entweder Alpha- oder Betastrahlung. Soddy arbeitete hauptsächlich mit Thorium (einem Isotop von Radium) und fand heraus, dass sich ein Atom, das durch Alpha-Zerfall Neutronen verliert, zwei Stellen links im Periodensystem in ein Element umwandelt, und solche, die Durch den Betazerfall verlorene Neutronen würden sich ein Feld rechts auf dem Tisch in ein Element umwandeln.

Der polnisch-amerikanische Physiker Kazimierz Fajans, der in Rutherfords Labor in Manchester, England, arbeitete, entwickelte unabhängig voneinander dieselbe Hypothese, als er das Verhalten von Uran erforschte; aus diesem Grund wird das Gesetz der radioaktiven

Verschiebung beiden Männern zugeschrieben. Fajans wird auch als bahnbrechend angesehen Erforschung der Halbwertszeitwerte von Uran.

Eine Halbwertszeit ist die Zeitspanne, die ein Atom benötigt, um auf die Hälfte seiner ursprünglichen Masse zu zerfallen.

Daher sind nach einer Halbwertszeit noch 50 % übrig, nach zwei Halbwertszeiten sind es noch 25 %, nach drei Halbwertszeiten sind es noch 12,5 % und so weiter.

Hochradioaktive Elemente haben viel kürzere Halbwertszeiten als stabile Elemente. Aber wenn wir sowohl über den Zerfall als auch über die Erhaltung der Materie sprechen, *wohin geht dann der Rest der ursprünglichen Masse des Atoms?*

Schauen wir uns ein Beispiel an, das Ihnen helfen kann, Ihre Meinung zur Erhaltung der Materie zu verdeutlichen.

Stellen Sie sich vor, Sie machen ein Lagerfeuer.

Sie stapeln Ihr Holz, zünden ein Streichholz an und Ihr Feuer lodert.

Nach ein paar Stunden ist der Treibstoff aufgebraucht und Sie haben nur noch einen Haufen Asche an der

Stelle, an der sich einst Ihr Holzhaufen befand . *Gehen?*
Das Volumen des Aschehaufens ist bei weitem nicht mit dem der Holzscheite vergleichbar, mit denen Sie begonnen haben. Die Materie muss also zerstört worden sein, oder? Falsch – sie wurde nur umgewandelt. Denken Sie an die Substanzen, aus denen ein Brennholzscheit besteht: Verbindungen wie Zellulose , elementare Nährstoffe und Wasser.

Wenn diese Komponenten von einem Luftstrom umgeben werden, der Sauerstoff, Stickstoff und andere atmosphärische Gase enthält, und der chemische Prozess der Entzündung und des Feuers angewendet wird, passieren mehrere Dinge.

Eines der ersten körperlichen Dinge, die Sie beim Anzünden eines Lagerfeuers bemerken könnten, ist, dass Sie ein Zischen hören und Dampf sehen. Die Hitze des Feuers verändert die Phase der in Ihrem Feuerholz enthaltenen Wassermoleküle und die Flüssigkeiten werden zu Gasen. Die ursprünglich im Baumstamm enthaltene Materie, die Wasser war, ist die gleiche Menge an Materie – sie wurde gerade in die Atmosphäre freigesetzt.

Wenn Ihr Feuer brennt, werden Sie weitere Veränderungen bemerken. Die Elemente, aus denen die Zellulosestrukturen des Holzes bestehen, beginnen, in grundlegendere Moleküle und schließlich in ihre atomaren Bestandteile zu zerfallen. Die festen Überreste werden in der Form vorhanden sein Asche, deren Masse viel kleiner sein wird als die ursprüngliche Masse. Das bedeutet, dass der Rest der elementaren Zusammensetzung Ihres Lagerfeuers in Form von Gasen in Form von Dampf und Rauch in die Atmosphäre gelangt ist.

Ihre Gleichung war zunächst größtenteils fest, mit einem geringen Flüssigkeitsgehalt und den vorhandenen atmosphärischen Gasen, die die chemische Reaktion des Feuers auslösten. Am Ende wird sich der größte Teil der Materie in dampfförmige Gase umgewandelt haben, wobei die festen elementaren Aschen zurückbleiben. Wenn Sie die Gase einfangen, messen und zur Masse der Asche addieren könnten, würden Sie feststellen, dass sie der Masse von Holz und Gasen entsprechen, mit der Sie begonnen haben. Sie könnten sich die Gleichung wie folgt vorstellen:

Brennholz + atmosphärische Gase + Katalysator

(Streichholz) = *atmosphärische Gase + Asche*

Dies ist natürlich eine vereinfachte Sicht auf das betreffende Gesetz, aber es gibt Ihnen eine solide Grundlage, um über Materie als Konstante nachzudenken.

Das andere Gesetz, mit dem wir uns in diesem Abschnitt befassen, ist *das Energieerhaltungsgesetz* . Beginnen wir also damit, auch darüber in grundlegenden Begriffen nachzudenken.

Das Energieerhaltungsgesetz ist einer der ältesten Grundsätze der Physik. Zur Erinnerung: Es besagt, dass Energie nicht erzeugt oder zerstört werden kann, sondern ihre Form ändern kann. Es gibt eine Einschränkung, da dies nur in a bewiesen werden kann Ein geschlossenes System, in dem äußere Kräfte nicht auf die Energie einwirken können. Energie gibt es in verschiedenen Formen, die entweder als potenzielle oder kinetische Energie ausgedrückt werden. Potenzielle Energie ist die Energie, die in der Materie für die zukünftige Verwendung gespeichert oder aufgebaut wird.

Im Gegensatz dazu ist kinetische Energie die Energie, die Materie verbraucht, wenn sie aktiv oder in Bewegung ist. Um potenzielle versus kinetische Energie zu veranschaulichen, stellen Sie sich ein Pendel oder ein Kind auf einer Schaukel vor. zeigt potenzielle Energie. Sobald das Pendel zu schwingen beginnt , es weist kinetische Energie auf.

Sämtliche Energie kann wie folgt kategorisiert werden:

Mechanisch: Dies ist die Energie, die in physischen Objekten vorkommt, und die Summe der mechanischen Energie ist die kinetische plus die potentielle Energie.

Ein sich bewegendes Objekt verbraucht kinetische Energie und macht seine potentielle Energie zu Null.

Ein ruhendes Objekt verschiebt die Gleichung in die andere Richtung. Ein Beispiel für ein Objekt mit einem Gleichgewicht aus kinetischer und potentieller Energie könnte ein Auto sein, das einen steilen Hügel hinauffährt. Das Fahrzeug bewegt sich, aber nicht mit Höchstgeschwindigkeit, was bedeutet, dass es sich bewegt nicht die gesamte potenzielle Energie nutzen .

Elektromagnetisch (strahlend): Dies ist die Energieform, die sich auf alles bezieht, was elektromagnetische Wellen oder Licht aussendet, sogar nicht sichtbare Spektren wie Ultraviolett oder Infrarot.

Elektromagnetische Energie kann auch potentieller oder kinetischer Natur sein und kann beispielsweise in einer Glühbirne oder einem Lichtschalter zum Ausdruck kommen.

Die potenzielle Energie wird im geschlossenen Stromkreis gehalten. Wenn der Schalter umgelegt wird, öffnet sich der Stromkreis, wodurch Elektrizität kinetisch wird und die Glühbirne eingeschaltet wird, die diese elektrische Energie weiter in Licht und Wärme umwandelt. Mikrowellen, Radiowellen und Gamma Strahlen sind alle auch Beispiele für elektromagnetische Energie.

Chemisch: Chemische Energie ist die Energie, die bei chemischen Prozessen oder Reaktionen verbraucht oder freigesetzt wird.

Ein gutes Beispiel für das Potenzial und die kinetische Energie eines chemischen Prozesses ist eine Dynamitstange.

Das Dynamit weist vor der Anwendung des Katalysators, in diesem Fall Feuer, potentielle Energie auf und wenn es explodiert, zeigt es plötzliche und heftige kinetische Energie. Außerdem wandelt es einen Teil seiner potentiellen Energie in Schall- und Wärmeenergie um, was wir noch sehen werden Gleich zum Thema. Ein weniger explosives Beispiel für chemische Energie im wirklichen Leben könnte eine Einwegbatterie sein, die ein Spielzeug oder eine Pflanze mit Chlorophyll, Wasser, atmosphärischen Gasen und Strahlungsenergie antreibt, um Glukose für die Ernährung und Sauerstoff für die Freisetzung zu erzeugen.

Schall: Schallenergie ist tatsächlich genau das, wonach sie „klingt" – das ist die Energie von Schallwellen.

Schallwellen können im Vakuum nicht existieren; sie müssen ein anderes Medium haben, durch das sie sich ausbreiten können, etwa Luft oder Wasser. Einige gute Beispiele für Schallenergie sind der Klang Ihrer Stimme oder abgespielter Musik oder ein Überschallknall aus einem Düsenflugzeug .

Thermisch: Wärmeenergie ist die Energie der Wärme. Wärme wird auf verschiedene chemische Weise erzeugt und durch Konvektion, Leitung oder

direkte Übertragung zwischen den Systemen verteilt . Einfach ausgedrückt versucht Wärme immer dorthin zu gelangen, wo sie nicht vorhanden ist Wärme. Wärmeenergie wird gemessen, indem der Unterschied in der Grundtemperatur der beiden Systeme ermittelt wird.

Wärmeenergie ist auch wichtig für das Verständnis, wie chemische und mechanische Energie zwischen Systemen übertragen wird.

Kernkraft: Kernenergie entsteht, wenn der zentrale Teil des Atoms, der Kern, durch mechanische oder chemische Mittel gespalten wird. Es bedarf großer Kraft, um den Kern zu zerbrechen, und diese Kraft wird in Kernkraft umgewandelt , die zur Stromerzeugung und zum Antrieb von Motoren genutzt werden kann.

Kernenergie kann, wie die meisten Menschen wissen, auch in Massenvernichtungswaffen wie Bomben und Sprengköpfen enthalten sein , die ihre verbleibende Halbwertszeit durchlaufen, um inaktiv zu werden.

Gravitation: Gravitationsenergie ist die Kraft, die dafür sorgt, dass Objekte vom Boden angezogen werden und nicht in den Weltraum fliegen. Die Gravitationsenergie verstehen zu können, ist ein grundlegender Bestandteil, um nicht nur die Physik unseres Planeten, sondern auch des Sonnensystems studieren und verstehen zu können und darüber hinaus in den Weltraum. Gravitationsenergie kann astronomische Phänomene erklären, die wir mit unserer aktuellen Technologie nicht sehen können.

In der Quantenphysik geht es nicht zuletzt um die Beziehung zwischen den Objekten in unserem Universum, von den kleinsten subatomaren Teilchen, die mit unseren präzisesten Mikroskopen beobachtet werden, bis hin zu den massereichsten Sternen und astronomischen Körpern, die über die Reichweite unserer stärksten Teleskope hinausgehen. Ich habe ein bisschen Geschichte Nachdem wir eine Einführung in Energie und Materie gegeben haben, ist es an der Zeit, uns mit einigen der umfassenden Konzepte und bahnbrechenden Entdeckungen der Quantenphysik zu befassen. Wir werfen zunächst einen genaueren Blick auf die Teilchen selbst und wie sie sich durch die Welt bewegen.

Kapitel 2

Teilchen, Wellen und die

de Broglie-Gleichung

Im letzten Kapitel haben wir viel über die Eigenschaften von Atomen und die Natur der Energie gesprochen. Die subatomaren Teilchen, aus denen Atome bestehen, und das Verhalten dieser Atome stehen im Mittelpunkt der Quantenphysik. In diesem Kapitel tauchen wir ein in die Art und Weise, wie sich Atome und subatomare Teilchen bewegen, wie diese Bewegung gemessen und beeinflusst werden kann und welche Auswirkungen diese subatomare Bewegung auf das Studium der modernen Quantenphysik hat.

Teilchentheorie

Um Teilchen zu verstehen, müssen Sie zunächst die Prinzipien der Teilchentheorie kennen. Die Teilchentheorie der Materie und die Teilchentheorie der Energie geben uns einige universelle Wahrheiten über die kleinsten Teile unserer Welt. Basierend, also gehen wir die Grundsätze durch, die sie ausmachen die Teilchentheorien aufklären.

Die Teilchentheorie der Materie besteht aus fünf einfachen Aussagen:

Alle Materie besteht aus winzigen Teilchen , diese erste Aussage scheint offensichtlich, da selbst „nichts" aus etwas besteht. Dennoch ist es ohne Festlegung dieser Grundlinie unmöglich, den Rest der Teilchentheorie und alle anderen Theorien, aus denen Quanten bestehen, aufzubauen Physik.

Alle einzelnen Substanzen bestehen aus ihrer eigenen Art von Materie . Dieses Prinzip ermöglicht es Wissenschaftlern, bekannte Elemente zu kategorisieren und festzustellen, ob neu entdeckte Substanzen Isotope zuvor erkannter Elemente oder potenzielle neue Elemente sind.

Alle Teilchen sind ständig in Bewegung – diese Bewegung ist notwendig, um Atombindungen aufrechtzuerhalten. Wenn die Teilchen, aus denen ein Atom besteht, plötzlich aufhören würden, sich zu bewegen, würde das Atom auseinanderfallen.

Die Temperatur wirkt sich direkt darauf aus, wie schnell sich die Partikel bewegen – je wärmer die Partikel, desto schneller bewegen sie sich. Sie können dies in einem einfachen Experiment sehen, indem Sie etwas Wasser einfrieren, es dann auftauen lassen, es bei Raumtemperatur in einem Glas schwenken und dann kochen lassen Es. Dampf bewegt sich viel schneller als Eis! Kalte Partikel werden langsamer, um Energie zu sparen; warme Partikel müssen mehr Energie verbrauchen.

Alle Teilchen weisen eine Anziehung auf . Die von Atomen und Molekülen getragene elektrische Ladung bedeutet, dass alle Teilchen danach streben, sich mit anderen gleichgesinnten Teilchen zu verbinden.

Die Kenntnis dieser fünf Grundsätze der Teilchentheorie der Materie wird Ihnen helfen, unsere nächste Grundlage der Quantenphysik besser zu verstehen, und zwar die Teilchentheorie der Energie.

Diese Theorie wird manchmal als kinetische Teilchentheorie bezeichnet und erklärt und legt die Grundregeln für das Verhalten von Teilchen bei unterschiedlichen Temperaturen und unterschiedlichen Materiezuständen fest.

Die kinetische Teilchentheorie listet die folgenden Merkmale der Materie in ihren unterschiedlichen Zuständen auf:

Festkörper: Materie befindet sich in einem festen Zustand, wenn sie sich bei einer Temperatur befindet, die es ihren Teilchen nicht erlaubt, sich frei zu bewegen. Die Teilchen in Festkörpern sind in einem regelmäßigen Muster dicht aneinander angeordnet und können sich nicht bewegen; stattdessen schwingen sie im Wesentlichen in ihnen Der ihnen zugewiesene Raum ist vorhanden. Zwischen den Teilchen ist kein Raum, der eine andere Bewegung ermöglichen könnte. Materie im festen Zustand behält aufgrund der Stärke der Bindungen zwischen den Teilchen ihre eigene Form.

Flüssigkeit: Materie im flüssigen Zustand ist Materie,

deren Temperatur es den Partikeln ermöglicht, sich auszubreiten und mehr Platz einzunehmen.

Sie haben mehr Platz zwischen sich und können freier fließen. Außerdem bewegen sich diese Teilchen schneller und unregelmäßiger als in einem festen Zustand.

Materie im flüssigen Zustand kann ihre Form nicht behalten.

Vielmehr nimmt es die Form seines Behälters an.

Gas: Materie im gasförmigen Zustand ist Materie, die bis zum Siede- oder Verdampfungspunkt erhitzt wurde.

Die Temperatur ist hoch genug, um es den Partikeln zu ermöglichen, sich in einem zufälligen Muster auszubreiten und frei zu strömen. Wenn sie eingeschränkt werden, nehmen die Partikel die Form ihres Behälters an, und wenn sie nicht eingeschränkt werden, assimilieren sie sich mit der Atmosphäre.

Partikel im gasförmigen Zustand sind die sich am schnellsten bewegenden und unberechenbarsten aller Teilchen.

Die Temperatur, bei der Materie fest, flüssig oder gasförmig wird, hängt von der Substanz ab.

Wasser (H2O) wird bei 0 °C fest und wird bei 100 °C zu einem Gas. Eine andere übliche Substanz, Isopropylalkohol (C3H8O) , gefriert erst bei -89 °C, wird aber bei einer niedrigeren Temperatur ebenfalls zu einem Gas Wasser. Der Siedepunkt von Isopropyl liegt bei 80,4 °C.

Jedes Element und jede Verbindung hat ihre eigenen Temperaturen, die ihren Aggregatzustand beeinflussen.

Es ist wichtig, die Phasen der Materie und die sie begleitenden Eigenschaften zu verstehen, aber es ist auch wichtig, die thermische Ausdehnung zu verstehen, die diesen Zustandsänderungen zugrunde liegt.

Sie haben die gleiche Menge an Eis, Wasser und Dampf wie zu Beginn. Die Wärmeausdehnung erhöht sich durch das Raumvolumen zwischen den Partikeln in Ihrer Substanz. Ein weiterer wichtiger Punkt zum Konzept der Wärmeausdehnung ist, wann sich ein Gas vergrößert Wenn das Gerät sein maximales Entropieniveau erreicht hat, aber eingedämmt ist und keinen Raum mehr hat, sich weiter auszudehnen, ist die resultierende physikalische Kraft Druck. Geräte sollten keiner übermäßigen Hitze ausgesetzt werden.

Da kein Bewegungsspielraum mehr vorhanden ist, kann

der daraus resultierende Druckanstieg zu einer Explosion führen.

Phasenänderungen erfolgen durch einige chemische Prozesse. Gase entstehen entweder durch Sieden oder Verdampfen. Das Kochen ist, entgegen der weit verbreiteten Meinung, nicht vollständig temperaturabhängig. Wie ein heißer Herdbrenner unter einem Teekessel. Das Wasser beginnt zu kochen und zu dampfen wird freigesetzt. Im Gegensatz dazu würde es zu Verdunstung kommen, wenn ein offener Topf auf der Arbeitsplatte steht. Mit der Zeit würden die aktivsten (am meisten angeregten) Wassermoleküle im Topf von der Oberfläche in die Atmosphäre „ *entweichen* ".

Wenn Materie von einem gasförmigen in einen flüssigen Zustand übergeht, geschieht dies im wahrsten Sinne des Wortes durch den Prozess der Kondensation. Dabei wandeln sich die Teilchen von einer ausgedehnten unregelmäßigen Bewegung zurück in einen kondensierteren Zustand.

Kondensation tritt auf, wenn die Temperatur so weit sinkt, dass die Partikel nicht mehr die Bewegung aufrechterhalten können, die sie im gasförmigen Zustand zeigen. Wenn die Temperatur noch weiter sinkt, beginnen Flüssigkeiten zu gefrieren oder in ihren festen Zustand zu erstarren.

Die Umkehrung dieses Prozesses besteht darin, dass Feststoffe zu Flüssigkeiten schmelzen.

Sowohl Schmelzen als auch Sieden treten auf, wenn eine Substanz ihre latente Temperatur erreicht oder mit der richtigen Menge latenter Wärme beaufschlagt wurde.

Anstelle von Schmelzen und Sieden werden manchmal auch die Begriffe „latente Schmelzwärme" (Schmelzen) und „latente Verdampfungswärme" (Sieden) verwendet.

Es gibt zwei Ausreißer der Theorie der kinetischen Teilchen: Der chemische Prozess der Sublimation und die Existenz des vierten Zustands der Materie, der als Plasma bekannt ist. Unter Sublimation versteht man den direkten Übergang der Materie von der festen Phase in die Gasphase, wobei die flüssige Phase vollständig übersprungen wird. Das beste Beispiel für die übliche Sublimation ist „ *Trockeneis* ", bei dem es sich um gefrorenes Kohlendioxid (CO_2) handelt. Wenn es zu schmelzen beginnt, hat es keinen flüssigen Zustand; es wird sofort zu einem verdampfenden Gas. Beschleunigt durch Platzieren des Trockeneis in Wasser mit Raumtemperatur. Trockeneis eignet sich aufgrund seiner extremen Fähigkeit, Kälte abzugeben, für den Versand und die Lagerung von gefrorenen Gegenständen und wird aufgrund seiner Fähigkeit, zu sublimieren, auch für Spezialeffekte wie Nebelmaschinen und Halloween-Dekorationen verwendet.

Plasma ist ein etwas seltsam zu erklärendes Konzept.

Der sogenannte vierte Zustand der Materie entsteht, wenn Teilchen ihrer elektrischen Ladung beraubt werden, was dazu führt, dass sie völlig unberechenbar reagieren.

Plasma wird oft als Gas angesehen, aber es verhält sich nicht auf die gleiche Weise wie ein Gas; Plasmapartikel haben keinen gleichmäßigen Abstand zwischen sich und sie haben keine kohäsive Anziehungskraft.

Diese Partikel reagieren leicht auf eine elektrische Ladung, weshalb Plasma häufig in Neon- oder Leuchtstofflampen und Plasmafernsehern eingesetzt wird.

Nachdem wir nun die Grundlagen der Teilchen- und Energietheorie gelegt haben, ist es an der Zeit, darüber zu sprechen, wie genau diese Teilchen funktionieren und sich bewegen. Mit diesen Grundregeln im Hinterkopf werden wir uns nun genauer ansehen, wie diese winzigen Teilchen entstehen ihren Weg durch das Universum, eine Welle nach der anderen.

Wellentheorie

Wir waren alle schon einmal am Strand und haben gesehen, wie Wellen ans Ufer rollten oder einen Kieselstein in eine Pfütze fallen ließen und zusahen, wie das Wasser an der Stelle, an der der Kieselstein die Oberfläche durchbrach, kräuselte. Wir kennen diese Bewegung, aber haben Sie schon einmal darüber nachgedacht *? Wie und warum existieren diese Wellen? Wie wäre es, wenn man über diese Wellen im kleinsten Maßstab nachdenkt?*

Wellen werden grob in zwei Kategorien eingeteilt: mechanische und elektromagnetische, und wir werden diese Klassifizierungen gleich untersuchen.

Bevor wir darüber sprechen, was Wellen anders macht, schauen wir uns zunächst an, was Wellen ähnlich macht. Wir wissen bereits, dass alle Teilchen ständig in Bewegung sind, auch in einem festen Zustand. Eine Welle entsteht, wenn diese Teilchen beginnen, sich in einer beobachtbaren, Eine Welle kann nicht ohne den äußeren Einfluss anderer Kräfte auf die natürliche Bewegung der Teilchen entstehen. Eine Welle ist jedoch

KEIN Teilchen.

Eine Welle ist bewegte Energie und besitzt keine Masse.

Mechanische Wellen sind ein Paradebeispiel dafür.

Mechanische Wellen sind Wellen, die Materialien und Schall bewegen, aber sie müssen ein Medium haben, durch das sie passieren können; sie entstehen nicht spontan.

eines Kieselsteins, der in eine Pfütze fällt, *was verursacht die Wellen*? Sie sind immer noch miteinander verbunden, und an der Oberfläche der Pfütze führt die Energie, die sie aufwenden, um verbunden zu bleiben, zu Oberflächenspannung.

Wenn diese Oberflächenspannung durch die Masse des Kieselsteins gebrochen wird, muss diese Energie (die, wie Sie sich erinnern, weder erzeugt noch zerstört werden kann) irgendwo hingehen und wird daher in Wellenenergie umgewandelt. Sie wird durch die Geschwindigkeit des Kieselsteins bestimmt, die wiederum würde durch die Höhe und die Kraft bestimmt, mit der es fallen gelassen wurde.

Dies wirkt sich auch auf die Frequenz der Wellen aus, die daran gemessen wird, wie viele Wellen in einer bestimmten Zeitspanne einen festen Punkt passieren, also Wellen pro Sekunde.

Die zweite Art von Wellen sind elektromagnetische Wellen, und diese Wellenklassifikation umfasst alle Spektren von Licht, Röntgenstrahlung und Gammastrahlung.

Elektromagnetische Wellen bestehen aus reiner Energie, und es sind die Amplitude und Frequenz dieser Wellen, die definieren, um welche Art von Energie es sich handelt. durch das Vakuum des Weltraums.

Lichtenergie wird in ein breites Spektrum unterteilt, das von ultraviolettem über sichtbares Licht bis hin zu Infrarotwellen reicht und seinen Höhepunkt in langwelligen Funkübertragungen findet .

Kosmische Wellen, Gammastrahlen, Röntgenstrahlen, ultraviolette (UV) Strahlen, sichtbares Lichtspektrum (Violett, Indigo, Blau, Grün, Gelb, Orange, Rot), Infrarot, Mikrowelle, Radar, Kurzwellenradio, UKW-Radio, analoges Fernsehen , AM-Radio, Langwellenradio.

Wir denken nicht darüber nach, aber Wellen sind zu jeder Zeit überall um uns herum. Die meisten dieser Strahlen sind relativ harmlos, aber Wissenschaftler

55

haben aus den Anfängen der Arbeit mit Röntgenstrahlen und Strahlung gelernt, dass es schädliche Nebenwirkungen geben kann Es dauerte nicht lange, einfache, praktische Lösungen für diese Expositionsprobleme zu finden, weshalb Radiologietechniker ihren Patienten bis heute bleihaltige Schutzschilde und Schürzen tragen und anbieten, um dies zu verhindern Gewebeschäden durch unnötigen Kontakt mit Röntgenstrahlen.

Wellen sind ein wesentlicher Bestandteil der Funktionsweise des Universums. Ohne Wellen hätten wir kein Radio, kein Fernsehen und keine Mikrowellenherde. Wir wären nicht in der Lage, mit Menschen auf der anderen Seite der Welt oder sogar mit unseren Astronauten darin zu kommunizieren Wellen sind für jeden Farbton, jede Tönung und jeden Farbton verantwortlich, der unsere Welt erleuchtet, und für das Licht, das uns von der Sonne erreicht.

Wissenschaftler wissen jetzt auch, dass Gravitationswellen real und messbar sind, was unser allgemeines Wissen über Wellen und die Wechselwirkungen zwischen den kleinsten und größten

Teilen unseres Universums erweitert.

Es kann schwierig sein, sich mit dem Konzept von Wellen als Dingen zu befassen, die existieren, aber keine Masse haben. Anstatt darüber nachzudenken, was sie nicht sind, denken Sie mehr darüber nach, was sie sind – integrale, sich bewegende Liefersysteme. , wir hätten kein lebensspendendes Licht von der Sonne und wären nicht in der Lage, miteinander zu sprechen. Wellen sind notwendig und unglaublich. Nachdem wir nun die Grundlagen hinter Teilchen und Wellen kennengelernt haben, schauen wir uns die A-Theorie an Das verbindet diese beiden Konzepte und gibt uns ein besseres Verständnis des Gesamtbildes der Physik, indem wir die kleinsten Teile genauer untersuchen.

de Broglies Hypothese von
Teilchen und Wellen

Der französische Physiker Louis de Broglie (der auch der 7. Herzog von Broglie war) erlangte Mitte bis Ende der 1920er Jahre durch seine bahnbrechenden Arbeiten zum Welle-Teilchen-Dualismus Berühmtheit, die wir in diesem Abschnitt ausführlich diskutieren werden. de Broglie wuchs mit ihm auf Er liebte Militärgeschichte und Rhetorik und erlangte seinen ersten höheren Abschluss in Geisteswissenschaften.

Anschließend studierte er Mathematik und Physik und erlangte Abschlüsse. Er galt als produktiver Lerner und vorbildlicher Schüler.

1914 trat de Broglie in die französische Armee ein, um im Ersten Weltkrieg zu dienen.

Während dieses Dienstes war er in Paris stationiert und hatte den Auftrag, Funkübertragungsanlagen zu entwickeln, zu warten und zu betreiben, vor allem die auf dem Eiffelturm montierte.

Er gehörte auch zu den Ersten, die bei der Installation von Funkkommunikationsgeräten in U-Booten halfen.

Es war diese Erfahrung mit Radiowellen, die de Broglies

früheres gelegentliches Interesse an Wellenbewegung und -verhalten entfachte. Als er 1919 aus der Armee entlassen wurde, begann de Broglie im Labor seines Bruders Maurice (ebenfalls Physiker) mit der Durchführung von Wellen- und Teilchenexperimenten. Im Jahr 1924 veröffentlichte er sein bahnbrechendes Werk zu diesem Thema, Recherches sur la théorie des quanta, oder Forschung zur Theorie der Quanten.

Seine Theorie besagte, dass „*jedes sich bewegende Teilchen oder Objekt eine zugehörige Welle hat.* "

Er stützte seine Hypothese auf seine Studien über die Arbeit von Planck und Einstein, die umfangreiche Forschungen zu den Eigenschaften der Lichtenergie und dem Welle-Teilchen-Dualismus betrieben hatten.

Die Welle-Teilchen-Dualitätstheorie wurde entwickelt, um das Verhalten von Objekten auf einer Quantenskala zu erklären.

de Broglie war daran interessiert, die Welle-Teilchen-Theorie auf die Quantenebene zu übertragen, um die Aktivität zu entschlüsseln, die er in Elektronen beobachtete.

Er vermutete, dass sie sich weitgehend so verhielten,

wie Einstein das Verhalten von Licht nachgewiesen hatte, als er die Existenz von Photonen theoretisierte.

De Broglie und seine Kollegen waren sich sicher, dass auch Elektronen als Wellen agierten und sich in ihnen bewegten, und machten sich daran, einen Weg zu finden, die Hypothese zu beweisen.

Die daraus resultierende Forschung führte die Wissenschaftler zum Thema unseres nächsten Abschnitts, der de Broglie-Gleichung.

de Broglies Gleichung

Die De-Broglie-Gleichung ist eine Adaption einiger früherer Gleichungen von Planck und Einstein, die das Verhalten von Licht in Form von Photonen erklären. Sie basiert auf Arbeiten von George Paget Thomson über gebeugte Kathodenstrahlen und Experimenten zum Elektronenverhalten, die heute als Davisson-Germer-Studien bekannt sind , konnte de Broglie schlussfolgern, dass Teilchen tatsächlich als Wellen wirken können und dies auch tun.

Dies ist die Gleichung, die er erstellt hat, um dieses Verhalten zu erklären und zu berechnen:

$$\lambda = h/mv$$

In dieser Gleichung stellt das griechische Symbol Lambda die Wellenlänge dar, h ist die Plancksche Konstante (deren Entwicklung wir in einem späteren Kapitel besprechen werden), m ist die Masse des sich bewegenden *Teilchens* und *v* ist repräsentativ für die Geschwindigkeit des Teilchens.

Die Gleichung von de Broglie wird verwendet, um zu beweisen, dass Teilchen die gleiche Teilchen-Wellen-

Dualität aufweisen wie Licht.

Die Gleichung dient auch dazu, zu zeigen, dass sich Wellenlängen im Laufe der Zeit über eine Entfernung ändern, da sich ihre anfängliche Energie von der potentiellen zur kinetischen und zurück zur potentiellen Energie verschiebt.

Haben Sie schon einmal eine Aufführung in Rhythmischer Sportgymnastik gesehen?

Die Turner verwenden oft große, lange Bänder, um beim Absolvieren ihrer Übungen schöne visuelle Effekte zu erzeugen. Aber diese Bänder können den Energieverlust über die Lebensdauer einer Welle veranschaulichen, auch ohne die berühmte Gleichung von de Broglie. Sie können dieses Experiment zu Hause mit nachstellen ein Stück Band.

Nehmen Sie Ihr Band und halten Sie es am Ende mit einer Hand horizontal zum Boden. Auf diese Weise erstellen Sie die Ebene, entlang der sich Ihre Wellen bewegen. Bewegen Sie nun Ihre Hand in einer fließenden Bewegung auf und ab, um die Amplitude zu erzeugen Ihre Welle. Sie werden feststellen, dass die Wellen näher an der Energiequelle (Ihrer Hand) häufiger sind als am Ende des Bandes. Dies liegt daran, dass sie mit der Zeit Energie verlieren und die Wellenlänge zunimmt.

Auch die Amplitude beginnt abzunehmen.

Sie haben erfolgreich gezeigt, warum und wie die Gleichung von de Broglie die durchschnittliche Wellenbewegung eines Teilchens über die Zeit berechnet.

Für seine Arbeit wurde de Broglie 1929 mit dem Nobelpreis für Physik ausgezeichnet, und auch Davisson und Germer erhielten die Auszeichnung 1937 für ihre Fähigkeit, die Hypothese in ihren Labors zu beweisen. de Broglie fuhr fort, Hypothesen voranzutreiben, zu erweitern und zu testen über Neutrinomasse, Thermodynamik und Dualität in den Gesetzen der Physik und Natur, aber seine Gleichung ist nach wie vor die bekannteste.

Kapitel 3

Das Bohr-Modell, die Schrödinger-Gleichung, und die Auswirkungen von de Broglies Hypothese

Eines der unglaublichsten Dinge an der Wissenschaft ist die wissenschaftliche Methode selbst. Wenn Sie sich an einen Ihrer naturwissenschaftlichen Kurse in der Mittelstufe erinnern, werden Sie sich sicherlich daran erinnern, dass die Wurzel aller Wissenschaft darin besteht, dokumentierte, messbare, wiederholbare und greifbare Ergebnisse zu erzielen Vielleicht hatten Sie einen Lehrer, der Wert auf ordnungsgemäß geführte Labornotizbücher legte.

Den Männern und Frauen, die das Gebiet der Quantenphysik revolutionierten, ermöglichte die sorgfältige Aufzeichnung und Dokumentation ihrer gesamten Forschung, detaillierte Aufsätze und Bücher zu erstellen und so ihr Wissen der Welt zugänglich zu machen.

Es ermöglichte auch anderen, zu versuchen, ihre Experimente nachzubilden, um die Theorien ihrer Kollegen entweder zu beweisen oder zu widerlegen.

Im Fall der Quantenphysik brach die Disziplin im späten 19. und frühen 20. Jahrhundert so schnell aus und entwickelte sich so schnell weiter, dass es nicht lange dauerte, bis alle an der Wissenschaft Beteiligten entweder auf den Theorien aller anderen bauten, sie modifizierten oder geradezu widerlegten Dinge, die den Test der Zeit bestanden haben, sind jedoch de Broglies Hypothese und de Broglies Gleichung. Allerdings kam es zu Problemen, als das Atommodell vom Bohr-Modell zum genaueren und fortschrittlicheren Modell von Erwin Schrödinger wechselte im Jahr 1926.

Atomstruktur und Teilchen-
Wellen-Dualität neu denken

Durch die Arbeit von Planck, Einstein und de Broglie wurden in den ersten Jahrzehnten des 20. Jahrhunderts in unglaublichem Tempo Theorien über die wahre Natur von Teilchen entwickelt, bewiesen und an neue Forschungen angepasst. Gleichzeitig auch andere Physiker fuhr fort, das Arbeitsmodell des Atoms zu verfeinern und neu zu erstellen.

Obwohl diese beiden Forschungszweige unabhängig voneinander stattfanden, sind die Auswirkungen und die Verflechtung dieser Arbeit unbestreitbar. Als Planck und Einstein mit ihrer Arbeit an der Photonentheorie und dem Teilchen-Wellen-Dualismus beschäftigt waren, war das Bohr-Modell des Atoms das allgemeingültige Modell akzeptiert.

Während de Broglie daran arbeitete, seine Hypothese zur Ausweitung des Teilchen-Wellen-Dualismus auf Elektronen und andere subatomare Teilchen zu entwickeln und zu beweisen, veröffentlichte Schrödinger sein aktualisiertes Atommodell.

Während die Rutherford- und Bohr-Modelle großartige

Beispiele für die Vermittlung der Grundstruktur eines Atoms waren und bleiben, ist das Schrödinger-Modell eine genauere Darstellung des Verhaltens der subatomaren Teilchen. Wenn wir uns die Modelle vorstellen, die wir zum ersten Mal in der Schule kennengelernt haben.

Das Schrödinger-Modell ist eine dreidimensionale Ansicht des Atoms, die Wissenschaftlern eine detailliertere Vorstellung davon gibt, was die Elektronen eines Atoms zu einem bestimmten Zeitpunkt tun, und auch zur Entstehung der Schrödinger-Gleichung führte.

Dieser mathematische Satz brachte dem österreichischen Physiker den Spitznamen *„Vater der Quantenmechanik"* ein .

Bevor wir es übertreiben, wollen wir den Zusammenhang zwischen Schrödingers Gleichung herstellen

de Broglie-Hypothese und ihre kombinierten Auswirkungen auf die Welt der Quantenphysik. Schrödingers Gleichung, die wie folgt geschrieben wird:

$$\mathbf{E}\,\psi = \mathbf{H}\,\psi$$

und ist in der Funktion der Gleichung von de Broglie

sehr ähnlich,

$$\lambda = h/mv.$$

Da dies Quantenphysik für Anfänger ist und die Schrödinger-Gleichung NICHT für Anfänger geeignet ist, haben wir hier die einfachste Form verwendet und geben ihr die grundlegendste Definition.

Die wichtigste Erkenntnis, die wir Ihnen mitteilen möchten, ist die Beziehung, die diese Gleichung zur De-Broglie-Gleichung hat, und wie diese zusammenwirken, um die Grundlage der Quantenmechanik und Quantenphysik zu bilden.

Als Prädiktor wird die Schrödinger-Gleichung verwendet.

Die linke Seite der Gleichung zeigt die verfügbare Energie (E) in einem geschlossenen Wellensystem und die Wellenfunktion (dargestellt durch den griechischen Buchstaben Psi).

Dies deutet auf eine Vorhersage darüber hin, wo sich ein Teilchen zu einem bestimmten Zeitpunkt seiner Wellenbewegung befinden könnte.

In der Gleichung wird gezeigt, dass sie der gleichen Wellenfunktion und dem Hamilton-Operator (H) entspricht, einer Zahl, die die Summe der potentiellen und kinetischen Energie innerhalb des Systems angibt.

Es scheint, als wären beide Seiten der Gleichung gleich, weil sie gerade dasselbe auf zwei unterschiedliche Arten gesagt haben, aber das ist nicht ganz der Fall. Denken Sie daran, dass die Wellenfunktion selbst (die durch Psi angegebene Variable) das Ergebnis von a ist komplizierte Ableitungsgleichung.

Sein Vorhandensein in dieser vereinfachten linearen Gleichung ist nur darauf zurückzuführen, dass es bereits berechnet und aufgehoben wurde.

Schrödinger entwickelte diese Gleichung, weil er eine einfachere Möglichkeit suchte, das Potenzial eines Teilchens, sich entlang einer Wellenlänge zu bewegen, zu vermitteln. Berühmte Theorie über eine Katze in einem geschlossenen System – in der er postulierte, dass eine Katze in einer Kiste möglicherweise tot oder lebendig sein könnte, und das auch getan hat die gleiche Chance, in beiden Zuständen zu sein . Dennoch konnte niemand sicher sein, bis die Kiste geöffnet und die Katze beobachtet wurde. Es war diese Art von Philosophie, die der exzentrische Wissenschaftler in seine Wellenvorhersagegleichung einbaute. Schrödinger wollte dazu in der Lage sein einen Weg zu finden, die Wahrscheinlichkeit, dass sich ein Teilchen an einem bestimmten Ort befindet, in eine lineare Gleichung umzuwandeln, die dieses Verhalten darstellt.

Wenn Sie sich über einen Teil der Gleichung nicht sicher sind, können Sie, ähnlich wie bei Avogadros Gleichung, die wir in Kapitel 1 besprochen haben, eine beliebige Variable einsetzen, um die fehlenden Zahlen zu ermitteln.

Die Schrödinger-Gleichung mit der de-Broglie-Gleichung in Beziehung setzen

Schrödingers Gleichung mag kompliziert sein, die von de Broglie jedoch glücklicherweise nicht. Als die erste Gleichung 1924 veröffentlicht wurde, warf de Broglie einen Blick darauf und fand sie großartig, aber er brauchte etwas Einfacheres, um seine Experimente durchführen zu können Berechnen Sie die Zahlen, die ihm bei seiner Forschung helfen sollten. Schrödingers Gleichung half de Broglie, die Wellenfunktion besser zu verstehen, was letztendlich dazu führte, dass er seine Gleichung für die Wellenlänge aufstellen konnte. weniger bekannte Gleichung, und sobald Sie diese zweite Gleichung gelernt haben , alles beginnt sich zu fügen.

$$\lambda = h/mv$$

Um es noch einmal zusammenzufassen: Schrödingers Gleichung zeigt uns die Vorhersagbarkeit der Wellenfunktion, und de Broglies Gleichung zeigt uns, wie man die Wellenlänge basierend auf dem Impuls

(Masse mal Geschwindigkeit) eines Teilchens berechnet. Was sagt uns also die zweite Gleichung von de Broglie und wie *? es bezieht sich außerdem auf dieses frühe Studium der Quantenmechanik?*

Die zweite Gleichung von de Broglie lautet wie folgt:

$$\mathbf{f} = E/h$$

Diese Gleichung zeigt, dass die Frequenz (f) einer Teilchenwelle gleich ihrer Energie (E) geteilt durch die Plancksche Konstante (h) ist. Sie haben wahrscheinlich das Gefühl, dass wir rückwärts arbeiten, da wir nicht über die Ursprünge der Planckschen Konstante gesprochen haben Noch nicht, aber wir werden es tun. Es wird einfacher sein, seine volle Bedeutung und Wirkung zu verstehen, wenn man sich zunächst bewusst macht, welch große Rolle es in den Gleichungen spielt, die in der Quantenphysik und Quantenmechanik am häufigsten verwendet werden. Also mit zwei einfachen Gleichungen, die von Schrödingers abgeleitet sind Dank der komplexen Gleichung ist de Broglie in der Lage , sowohl das Verhalten der Wellenlänge über die Zeit als auch die Frequenz von Wellen angesichts ihrer Energieniveaus zu erklären. Fantastisch! Wie verlief *die*

Entwicklung des Atommodells vom linearen, zweidimensionalen Bohr-Modell zum …? Welches fortgeschrittenere Modell, das von Schrödinger selbst vorgeschlagen wurde, beeinflusst die Art und Weise, wie Physiker künftig mit Dualität und Wellenfunktion umgingen?

Anpassung der Grundlagen an die
Weiterentwicklung des Wissens

Bis 1926 entwickelten und führten die meisten Physiker ihre Experimente anhand des Bohr-Modells des Atoms durch, das, wie Sie sich erinnern werden, zeigte, dass sich Elektronen in festen Bahnen um den Kern bewegen.

Nachdem Erwin Schrödinger seine Gleichung zur Vorhersage, wo sich Elektronen auf der Grundlage ihrer potenziellen Bewegung befinden könnten, vorschlug, konnte Louis de Broglie seine Gleichung weiterverfolgen, um die Wellenlänge von Teilchen zu bestimmen. Routen, die in Bohrs Modell dargestellt sind.

Schrödinger schlug 1926 ein neues Arbeitsmodell des Atoms vor, das sich schnell als *„quantenmechanisches Modell" weithin durchsetzte.*

Dieses Modell wird auch heute noch verwendet. Der Grund dafür, dass dieses Modell als genauer angesehen wird, liegt darin, dass das Bohr-Modell hauptsächlich zweidimensional ist. Es ist in sogenannten Valenzschalen angeordnet, wobei die Elektronen eher angeregt werden und sich ablösen Sie bewegen sich in den äußeren Bahnen, und die stabileren Elektronen bewegen sich nachweislich näher zum Kern. Das Bohr-Modell bleibt ein gutes Modell, um jungen Studenten die Grundlagen der Atomchemie und -physik beizubringen, aber die Physiker, die gearbeitet haben und weiterhin arbeiten Um das Verständnis des Quantenverhaltens voranzutreiben, brauchte man etwas, das einem echten, dreidimensionalen Arbeitsmodell des Atoms näher kam.

Schrödinger erkannte, dass sich die Elektronen nicht nur in ständiger Bewegung befinden, sondern sich auch wie Wellen und nicht wie Teilchen verhalten. Sein Modell, das quantenmechanische Modell, spiegelt diese Entwicklung im Verständnis des Teilchenverhaltens wider. Schrödinger war der Meinung, dass sein Modell die ständige Fluktuation, die das verursacht, genauer darstellen würde tritt innerhalb der Umlaufbahn eines Elektrons auf, wenn es durch die Gravitationskraft des Kerns geschoben und gezogen wird. Anstelle nur der Elektronen in der äußeren Valenzschale von Bohrs Modell wäre jedes Elektron, das sich zufällig in der

Nähe des äußeren Bereichs des Gravitationsfeldes befindet, das diejenigen, die sich am ehesten ablösen oder Verbindungen mit anderen Atomen eingehen, um Moleküle zu bilden.

Heute nutzen Wissenschaftler das quantenmechanische Modell des Atoms als Grundlage für ihre Experimente.

Sie verwenden oft auch den Begriff „Wahrscheinlichkeitswolke", um zu beschreiben, was sie in Bezug auf die Position der Elektronen eines Atoms sehen sollten. Dies gilt auch dann, wenn die Bewegung nicht beobachtet werden kann. Der Nachteil dieses Modells besteht darin, dass dies selbst dann der Fall ist, wenn ein Wissenschaftler dies getan hat Aufgrund der Fähigkeit, atomares Verhalten zu beobachten, ist die Wellenbewegung auf Teilchenebene immer noch fast nicht wahrnehmbar. Mathematisch gesehen fehlt ihnen möglicherweise immer noch die Fähigkeit, es in Aktion zu beobachten und zu beweisen, dass es wahr ist. Aus diesem Grund befürchten einige Wissenschaftler, dass dies bei diesem Modell der Fall ist Sie erfüllen nicht die Heisenbergsche Unschärferelation, während andere der Ansicht sind, dass dies der Fall ist.

Wir werden dieses Prinzip später in diesem Buch besprechen, damit Sie die Beweise prüfen und selbst urteilen können. Kommen wir zunächst zur Geschichte, Definition und praktischen Anwendung der Zahl, auf die Sie gewartet haben, der Planckschen Konstante.

Kapitel 4

Die Planck-Konstante

Wir haben die Planck-Konstante oder Planck-Konstante bereits in mehreren Zusammenhängen in den ersten Kapiteln dieses Buches erwähnt. Planck und warum seine Arbeit so entscheidend für die Weiterentwicklung des Verständnisses der Teilchen-Wellen-Dualität war.

Max Planck und sein Frühwerk

Max Planck war ein deutscher Physiker, der aus einer großen Familie von Gelehrten und Akademikern stammte. Er erhielt einen Großteil seiner Grundschulausbildung in München, wo er hervorragende Leistungen in Mathematik und Mechanik erbrachte und auch als musikalisch talentiert bekannt war und eine Gesangsausbildung absolvierte und spiele mehrere Instrumente. Nach allem, was man hört, hätte er eine Karriere als klassischer Musiker anstreben können, entschied sich aber stattdessen dafür, seinen Traum, Physiker zu werden, zu verwirklichen. In den frühen 1880er Jahren galt Planck als einer der hellsten aufstrebenden jungen Stars auf diesem Gebiet , und am Ende des Jahrzehnts hatte er bereits die akademische Karriere erklommen, um eine Stelle an der Friedrich-Wilhelms-Universität in Berlin anzunehmen. Als er 1926 von dieser Position zurücktrat, folgte kein Geringerer als ihm nach Erwin Schrödinger.

Planck war von der Thermodynamik fasziniert und ein Großteil seiner frühen Forschungen, einschließlich der für seine erste Doktorarbeit, konzentrierte sich auf diese Studie. Er interessierte sich auch für Entropie, ein Konzept, vor dem ihn viele seiner Kollegen „verschreckten".

Seine Arbeiten bildeten die Grundlage für viele andere, die damit begannen, ihre eigenen Theorien zu beweisen, wie beispielsweise die von Svante Arrhenius' Hypothese der elektrolytischen Auflösung. Planck wurde auch ein gefragter Dozent, der die Säle voller interessierter Studenten füllte, von denen viele ihn als den Besten lobten Lautsprecher, den sie je gehört hatten.

Plancks zahlreiche berufliche Erfolge, darunter der Gewinn des Nobelpreises für Physik im Jahr 1918 für seine Entdeckung der Energiequanten, wurden im Laufe eines Lebens voller persönlicher Verluste erzielt.

Der Krieg prägte viele Momente im Leben des Physikers, beginnend mit den preußischen Konflikten als Kind und gipfelte im tragischen Verlust vieler seiner persönlichen Dokumente und Forschungsergebnisse während der Bombardierung Berlins im Zweiten Weltkrieg. Er verlor einen Sohn in der Schlacht von Verdun Im Ersten Weltkrieg wurde 1945 ein weiterer

Sohn von den Nazis als Verräter gehängt und seine beiden Töchter starben bei der Geburt.

Er wurde verwitwet, als er 1918 seine erste Frau Marie durch Tuberkulose verlor. Er heiratete erneut und hinterließ nur sein jüngstes Kind, einen Sohn namens Hermann, und seine zweite Frau Marga. In diesen Zeiten persönlicher und beruflicher Turbulenzen blieb Planck für immer Der stoische Deutsche weigerte sich, seinen jüdischen Kollegen während des Aufstiegs des Dritten Reiches und während des Zweiten Weltkriegs den Rücken zu kehren. Als Leiter der bedeutendsten wissenschaftlichen Gesellschaften Deutschlands übernahm er das Motto „Durchhalten und weiterarbeiten" und ermutigte ihn Zeitgenossen taten dasselbe. Er hielt weiterhin Vorlesungen, bis er 1947 kurz vor seinem Tod stand, aber sein Vermächtnis auf dem Gebiet der Quantenphysik besteht bis heute fort.

Schwarze Körper und das
elektromagnetische Spektrum

Plancks Arbeit und die Entwicklung der Konstante gingen auf seine Forschungen zum elektromagnetischen Spektrum und seine Theorie über das Verhalten schwarzer Körper zurück . dass der Körper nicht nur die gesamte Strahlung absorbieren, sondern sie wiederum speichern und wieder abstrahlen könnte es später.

Stellen Sie sich vor, Sie hätten eine weiße Katze und eine schwarze Hose.

Wenn die Katze auf diesen Hosen schläft, ziehen sie den größten Teil, wenn nicht sogar das gesamte Fell, das die Katze auf sie wirft, an und halten es fest .

Das Fell beginnt vom Stoff zurück in die umgebende Atmosphäre zu fliegen. Planck wollte wissen, ob ein schwarzer Körper im Vakuum die gesamte Energie, auf die er trifft, sammeln, absorbieren und dann ausstrahlen würde, oder ob auf ihn eingewirkt werden muss Er wollte außerdem wissen, was in einem offenen System wie der Katze und der Hose passieren würde. Die Schwarzkörperstrahlung hängt von der Thermodynamik und Thermostabilität ab.

Aus diesem Grund wird sie manchmal auch Wärmestrahlung oder Temperaturstrahlung genannt.

Im großen Maßstab ist das beste Beispiel für Schwarzkörperstrahlung ein Schwarzes Loch, das alles in einem seiner Masse entsprechenden Radius absorbiert.

Wenn es mehr Masse und Energie absorbiert, beginnt es zu wachsen und seinen Radius oder „*Ereignishorizont*" zu vergrößern, wodurch seine Anziehungskraft zunimmt. Da es alle elektromagnetischen Wellen, einschließlich des sichtbaren Lichtspektrums, absorbiert, erscheint das „*Loch*" schwarz.

Denken Sie daran: Ein Schwarzes Loch ist kein buchstäbliches Loch, sondern ein Objekt, dessen Masse so dicht ist, dass es als farblose Singularität erscheint. Planck und viele andere stellten die Theorie auf, dass ein Schwarzes Loch die Energie und Masse behält, die es sammelt, aber das Wie alle Dinge würde es einen Bruchpunkt erreichen und anfangen, all diese Energie wieder nach außen auszustrahlen.

Er stellte die Hypothese auf, dass jede Änderung der

Temperatur oder jede massive Energieschwankung das System, in dem der schwarze Körper operierte, aus dem Gleichgewicht bringen und eine Umkehrung der Absorption erzwingen würde; mit anderen Worten, der schwarze Körper würde beginnen, die gesamte Energie abzustrahlen, die er zuvor aufgenommen hatte . Viel Später stellte der berühmte Physiker Dr. Stephen Hawking die Hypothese auf, dass Schwarze Löcher und Schwarze Körper absorbierte Energie immer wieder abstrahlen, basierend auf thermodynamischen Veränderungen entlang der Ereignishorizonte bekannter Schwarzer Löcher. Singularitäten wie Schwarze Löcher könnten der Schlüssel zu Zeitreisen sein , aber darüber werden wir in unserem Kapitel über Einstein ein wenig sprechen.

Plancks Gesetz und Entwicklung der Konstante

Sie fragen sich vielleicht, was Schwarze Löcher, die massereich sind, mit der Quantenphysik zu tun haben, die sich mit mikroskopisch kleinen Teilchen beschäftigt. Planck konzentrierte sich darauf, eine Erklärung für das Verhalten von sichtbarem Licht und die Temperatur zu finden, bei der Strahlung absorbiert wird Die von einem schwarzen Körper emittierten Strahlungen erreichen ein Gleichgewicht. Beispielsweise kann die Sonne als schwarzer Körper betrachtet werden, obwohl sie unvollkommen ist, da sie genügend Masse enthält, um durch Gravitation Strahlung aus der Umgebung anzuziehen und Strahlung in Form von Licht und Wärme zurückzugeben Die Temperatur, bei der die Sonne ihr Gleichgewicht erreicht, beträgt 5.777 Grad Kelvin (9938 °F, 5503 °C) .

Planck hatte nach einer Möglichkeit gesucht, ein Problem zu lösen, das als „*Ultraviolettkatastrophe" bekannt ist* und bei dem wir uns alle einig sind, dass es sich um einen ziemlich dramatischen Namen für ein physikalisches Rätsel handelt.

85

Die Ultraviolettkatastrophe war eine Anomalie, die von Physikern beobachtet wurde, die versuchten, das Verhalten schwarzer Körper bei der Emission von Strahlung zu erklären.

Viele Zeitgenossen Plancks beobachteten dieses katastrophale Ereignis in ihren Forschungen.

Während die Wissenschaftler davon ausgingen, dass ein schwarzer Körper über das breite elektromagnetische Spektrum gleichmäßig Energie ausstrahlen sollte, stellten sie stattdessen fest, dass die schwarzen Körper große Strahlungsmengen in energiereichen, hochfrequenten Ausbrüchen aussendeten, was schnell der Fall war verbrauchen Sie die absorbierte Energie und senken Sie das System schneller als erwartet auf Netto-Null .

Bei seinen Versuchen, die UV-Katastrophe zu verstehen und zu lösen, entdeckte Planck, dass das Problem bei der Anwendung der klassischen Physik auf das Rätsel darin bestand, dass sie nicht berücksichtigte, dass das gesamte Spektrum der elektromagnetischen Strahlung mit der Zeit in Frequenz und Wellenlänge abnimmt und sich ändert Temperatur.

Durch die Hinzufügung dieser Variablen in die Gleichung konnte Planck das Plancksche Gesetz entwickeln.

Es verwendet Mathematik, um die Beziehung zwischen der von einem schwarzen Körper absorbierten Energie und der Freisetzungsrate dieser Strahlung bei einer bestimmten Temperatur zu beschreiben, wobei berücksichtigt wird, dass die Energieänderungsrate nur in Schritten emittiert werden kann, die proportional zur spektralen Dichte der elektromagnetischen Strahlung sind Welle.

Vereinfacht ausgedrückt beschreibt das Plancksche Gesetz ein geschlossenes System, in dem die absorbierte Energie und die von einem schwarzen Körper bei konstanter Temperatur abgestrahlte Energie im Gleichgewicht bleiben, aber bei gegebener potentieller Energie und Netto-Nullpunkt Änderungen in der Frequenz und Wellenlänge der Strahlung berücksichtigen . Natur des geschlossenen Systems.

Wenn angewandte Mathematik verwendet wird, um das Plancksche Gesetz zu beweisen, können die Ergebnisse auf einer Kurve dargestellt werden, die zeigt, dass die

Frequenz der elektromagnetischen Wellen je nach Art der Strahlung nach einer bestimmten Zeit abnimmt. Planck und seine Kollegen bezeichneten diesen Vorgang als Spektraldichte. Die Fähigkeit, dieses Verhalten auszudrücken, hat das Gebiet der Quantenphysik radikal vorangebracht und es noch weiter von klassischen Theoretikern entfernt.

Viele Wissenschaftler betrachten die Veröffentlichung des Planckschen Gesetzes im Jahr 1901 als die „Geburt" der modernen Quantenphysik.

Messung und Verhalten

Plancksches Wirkungsquantum in Aktion

Einer der Schlüsselfaktoren bei der Entwicklung des Planckschen Gesetzes ist die Verwendung der Zahl, nach der wir alle hier suchen, der Planckschen Konstante. Eine einfache Möglichkeit, über die Plancksche Konstante nachzudenken, noch bevor wir uns mit Mathematik befassen. Die Grundlage hinter der Konstante war Plancks Wunsch Geben Sie der kleinstmöglichen Energiemenge einen Namen oder eine Einheit. Das ist alles. Planck wusste, dass die kleinsten Teile der Materie entdeckt worden waren (damals waren dies das Atom und seine subatomaren Teile). Er wollte eine Möglichkeit zur „Quantisierung" oder messen Sie Energie in ihrer kleinsten kleinen Welle. In seinem Streben danach wurde Plancks Konstante geboren. Schauen Sie, die mathematischen Objekte unserer Zuncigung:

$$h = 6{,}6262 \times 10^{-34} \text{ Joule Sekunde}$$

Lassen Sie uns aufschlüsseln, was die Zahlen bedeuten

89

und wie Planck zu ihnen kam.

Ehrlich gesagt ist das h einfach der variable Buchstabe, den Planck gewählt hat, weil er nicht zur Darstellung von irgendetwas anderem in der Mathematik oder dem aufstrebenden Gebiet der Quantenphysik verwendet wurde. Die SI-Einheit Joule-Sekunde darf nicht mit Joule pro Sekunde verwechselt werden. Joule -Sekunde steht für sich allein als Einheit zur Messung von Zeit und Aktion.

Nun zur Zahl selbst. $6{,}6262 \times 10^{-34}$ ist eine wirklich kleine Zahl, die die Energiemenge darstellt, die von einem einzelnen Teilchen erzeugt wird. Wir wissen, dass alle Teilchen schwingen.

Planck war der erste, der diese Schwingung quantifizierte oder „*quantisierte*".

Der einfachste Weg, die Plancksche Konstante zu verwenden, besteht darin, die Energie eines Photons zu bestimmen, indem man die Konstante mit der Frequenz des Photons multipliziert. Dies funktioniert, weil wir wissen, dass die Masse eines Teilchens, beispielsweise eines Photons, gleich seiner Energie ist. Unabhängig von den Variablen Sie besitzen, können Sie diejenigen berechnen, die Ihnen fehlen, und das alles dank der Planckschen Konstante.

$$E = hf$$

In dieser Standardgleichung, die die Verwendung der Planckschen Konstante zeigt, sehen wir, dass die Energie (E) eines Photons oder Teilchens gleich der Frequenz (f) mal der Konstante ist. ein Grundprinzip der Quantenphysik und Quantenmechanik.

Es war diese Gleichung, mit der de Broglie bei der Erstellung seiner eigenen Gleichung einen Schritt weiter ging und die, wie wir wissen, das Verhalten einer Welle auf der Grundlage ihres Impulses berechnet. Die Plancksche Konstante spielt auch eine wichtige Rolle bei der Heisenbergschen Unschärferelation, die wir im folgenden untersuchen werden etwas Tiefe im nächsten Kapitel.

Entwicklung und Verwendung der reduzierten Planck-Konstante, eine weitere Verwendung für Planck

Eine andere Verwendung für die Plancksche Konstante ist ihre reduzierte Form, symbolisiert durch den h-Balken, der wie folgt aussieht: $\hbar$ Der h-Balken wird anstelle des Standard-h in Berechnungen verwendet, die den Drehimpuls und nicht den linearen Impuls berücksichtigen. Der lineare Impuls wird natürlich durch Multiplikation der Masse mit der Geschwindigkeit berechnet.

Es stellt den Impuls eines Objekts oder Teilchens dar, wenn es sich entlang zweier Ebenen bewegt, meist in einer geraden Linie. Der Drehimpuls ist ein Produkt der Berechnung des Impulses in drei Dimensionen.

Ein gängiges Beispiel hierfür wäre ein Gyroskop, das sich in mehrere Richtungen bewegen kann und seine Bewegung durch die Fähigkeit, sich an diese Dimensionen anzupassen, aufrechterhält.

In der klassischen Physik wird der Drehimpuls durch die Summe der Impulse aller beweglichen Teile berechnet, dies funktioniert jedoch nicht immer auf einer Quantenskala. Damit können Physiker den Impuls von Teilchen in drei Dimensionen genau bestimmen Auf einer Quantenskala war eine neue Gleichung erforderlich. Durch die Verwendung der Planck-Konstante in ihrer Standardform können Physiker die De-Broglie-Gleichung verwenden, um nach unbekannten Impulsen zu suchen. Für die Lösung nach unbekannten Impulsen im Fall eines Teilchens mit Drehimpuls eine Ableitung der Planck-Konstante wurde erstellt, die wir jetzt Plancks reduzierte Konstante nennen, und das ℏ stellt diesen neuen Wert dar. Er wird in Gleichungsform wie folgt bestimmt:

$$\hbar = \frac{h}{2pi}$$

Wie Sie sehen können, ergibt die Division der Planck-Konstante durch zweimal pi die reduzierte Planck-Konstante.

Warum funktioniert dies, um unbekannte Variablen bei Problemen zu finden, bei denen sich Teilchen in drei Dimensionen bewegen?

Um dies zu verstehen, muss man auch verstehen, dass eine Welle Teil einer Parabel ist.

Wir wissen, dass eine Parabel, wenn sie über ihre Krümmung hinaus extrapoliert wird, sich schließlich verbinden und einen Vollkreis oder 360° bilden kann.

Wellen drehen sich jedoch nicht von Natur aus in sich selbst um und vollenden einen 360°-Kreis.

Stattdessen messen Wissenschaftler einen vollständigen Wellenzyklus von der Startebene (der Basislinie) bis zur Spitze seiner Amplitude (dem Kamm) und zurück durch die Basislinie bis zu seinem tiefsten Punkt (dem Tiefpunkt) als 360°.

Jedes Mal, wenn die Welle diese Bewegung abschließt, wird sie als ein Hertz gemessen und als Frequenz der Welle betrachtet.

Dies ist nicht zu verwechseln mit der Wellenlänge, die den Abstand zwischen den Wellenkämmen misst.

Durch Division der Planck-Konstante durch 2π (die Standardgleichung zur Bestimmung des Umfangs eines 360°-Kreises oder einer Wellenfrequenz) kann die reduzierte Konstante zur Berechnung des Impulses von Objekten oder Partikeln verwendet werden, die sich entlang mehr als einer Ebene bewegen Zeit. Ein Beispiel für die Anpassung der de Broglie-Gleichung zur Verwendung der reduzierten Planck-Konstante ist:

$$p = \hbar k$$

In diesem Beispiel steht die Variable **p** für den Impuls, der **h** -Balken zeigt Plancks Reduzierte Konstante (berechnet unter Verwendung der Frequenz der betreffenden Welle) und **k** stellt die Winkelwellenzahl dar.

Winkelwellenzahl ist ein übertriebener Begriff für die Messung von Wellen, die über eine bestimmte Entfernung auftreten, und nicht für deren zeitliche Messung.

Obwohl Plancks Reduzierte Konstante nicht annähernd so häufig verwendet wird wie die Standardkonstante, ist sie bei der Bestimmung der Bewegung und des Impulses in den Fällen nützlich, in denen sich ein Teilchen oder Objekt entlang von mehr als zwei Ebenen bewegt.

Planck selbst war bei seiner Arbeit oft lässig und erzählte den Leuten oft, wie im Fall der Konstante, dass er nur nach Zahlen suchte, die anderen Zahlen einen

Sinn geben würden.

Er bezeichnete die Konstante sogar einmal als *„mathematischen Trick"*. Er war ein brillanter Kopf, der wahrscheinlich den Großteil seiner eigenen Forschung als Mittel zum Zweck abwertete, und Planck wäre wahrscheinlich überrascht über die Auswirkungen seines Erbes auf die zukünftige Entwicklung Aber um ehrlich zu sein, ohne Planck, seine Gesetze und seine Konstante hätte der Mensch vielleicht nie die Raumfahrt geschafft oder fortschrittliche Forschungsmaschinen wie den Large Hadron Collider gebaut.

Kapitel 5

Heisenbergs Unsicherheitsprinzip

Wir waren alle schon einmal unsicher.

Wollen wir das Huhn oder den Fisch? Welchen Film wollen wir sehen?

Irgendwann treffen Sie eine Entscheidung und die Unsicherheit ist verschwunden. Aber um das nächste Konzept zu verstehen, mit dem wir uns befassen, müssen Sie darüber nachdenken, gleichzeitig sicher und unsicher zu sein. Heisenbergs Unsicherheitsprinzip, das er Das 1927 der Welt vorgestellte Buch soll eines der größten Probleme der Quantenmechanik erklären : *Wie kann man vorhersagen, wo sich ein Teilchen zu einem bestimmten Zeitpunkt befinden wird, selbst wenn man seinen Impuls oder seine vorherige Position kennt?* Schauen wir uns zunächst Heisenbergs Arbeit an Das führte ihn zum Unsicherheitsprinzip.

Heisenbergs Anfänge in der Physik

Werner Heisenberg wurde in Deutschland als Sohn akademischer Eltern geboren. Sein Vater war Professor für alte Sprachen und griechische Philosophie, und der junge Werner liebte es, sich mit seinen eigenen Lehrern und Kollegen an philosophischen Diskussionen zu beteiligen. Er sprach fast liebevoll vom Atom als philosophischem Element Verfolgung, die nur mit der Mathematik zuverlässig erklärt werden konnte.

Er studierte unter und mit einigen anderen großen wissenschaftlichen Köpfen seiner Zeit, darunter auch Niels Bohr selbst.

Heisenberg war auch musikalisch talentiert, ein gemeinsames Merkmal vieler Pionierphysiker.

Seine Vorliebe für das Klavier führte dazu, dass er nach einem Auftritt seine zukünftige Frau Elizabeth kennenlernte . Sie stammte ebenfalls aus einer Akademikerfamilie und ermutigte ihn während seiner gesamten Karriere, seine Theorien und Forschungen zu neuen Entdeckungshöhen voranzutreiben. Naturliebhaber, in vielen Rollen aktiv Zeit seines Lebens war er bei den deutschen Pfadfindern tätig.

Er zog sich oft in die Berge zurück, wenn er über ein unglaublich schwieriges physikalisches oder mathematisches Problem nachdachte.

Während er heute vor allem für sein berühmtes Unschärfeprinzip bekannt ist, war Heisenbergs frühestes großes Werk eine Zusammenarbeit, die aus seiner Doktorarbeit hervorging.

In Zusammenarbeit mit Max Born und Pascual Jordan schlug Heisenberg eine Reihe mathematischer Matrizen vor, die zur Beschreibung und Vorhersage der Bewegung atomarer Teilchen in Bezug auf mechanische Prozesse verwendet werden könnten. Unglücklicherweise für Heisenberg und seine Kollegen befanden sie sich im Bohr- Lager theoretische Physik, die langsam zugunsten der fortschrittlicheren Arbeiten von Einstein, Planck, Schrödinger und de Broglie verdrängt wurde. Während die klassische Physik und die Mathematik immer noch eine Grundlage für die neueren Disziplinen Quantenphysik, Quantenmechanik und Atomstudien bildeten erlebten eine schnell wachsende Kluft in den Überzeugungen und Prinzipien. Obwohl Heisenbergs mechanische Matrizen von der

Physikgemeinschaft nicht allgemein akzeptiert oder genutzt wurden, waren sie nicht ohne Wert.

Sie blieben unter anderem deshalb auf der Strecke, weil Bohrs Schule als veraltet in Ungnade fiel.

Während dies angesichts der Geschwindigkeit, mit der neue Quantenentdeckungen gemacht wurden, ein wenig lächerlich erscheint, waren Bohr und seine Zeitgenossen und Schüler fest in den physikalischen Eigenschaften des Atoms als realem, greifbarem Objekt verankert.

Während das Einstein-Lager den Welle-Teilchen-Dualismus untersuchte, beschäftigte sich das Bohr-Lager mit dem, was sie diskrete Bündel nannten – Quantenteilchen, die sich gemeinsam in Energiepaketen fortbewegten. Sie waren nicht an etwas interessiert, das sie nicht durch Beobachtung messen oder mit einem solchen vorhersagen konnten Hundertprozentige Sicherheit.

Während sich Heisenberg im Denken und Handeln von seinen früheren Kollegen entfernte, was zum Teil daran lag, dass Jordan in den 1930er Jahren die akademische Welt verließ, um Nazi-SS-Offizier zu werden, würde er später im Leben Born und Jordan als maßgeblich für seine frühe Entwicklung anerkennen und schließlich Empfang des Nobelpreises.

Heisenberg selbst verbrachte einen Großteil der 1930er und 1940er Jahre unter der Beobachtung der Nazis. Sie betrachteten seine Arbeit als kontraproduktiv für ihr Interesse, die Kernenergie ausschließlich für den Zweck der Waffenrüstung zu nutzen.

Die Entwicklung des
Unsicherheitsprinzips

Das Heisenberg-Unsicherheitsprinzip ist zu Heisenbergs bleibendem Vermächtnis in der Welt der Teilchenphysik geworden, und die Entwicklung und Verfeinerung hat lange gedauert. Heisenberg würde seinen Glauben an die Bohr-Schule nie ganz aufgeben. Dennoch musste er es irgendwann erkennen dass die Arbeit der Mitglieder der Einstein-Schule mehr Aufmerksamkeit erregte. Heisenbergs Ansichten über die Studien, die von denen durchgeführt wurden, die mit Einstein zusammenarbeiteten, waren kompliziert. Er betrachtete ihre Arbeit als Beschäftigung mit der „Realität" und *betrachtete* sich selbst als *„Antirealisten"*. Der Widerspruch besteht darin, dass Heisenberg die Mathematik der Physik liebte, die sich hauptsächlich mit der Realität befasst. Zahlen sind absolute Werte und sehr real.

also *das Unsicherheitsprinzip?*

Schauen wir uns die Grundprämisse des Unsicherheitsprinzips an (das Heisenberg übrigens selbst das Unbestimmtheitsprinzip nannte).

Darin heißt es, dass es selbst mithilfe von Beobachtungen, Prädiktoren und Gleichungen unmöglich ist, sowohl die Position als auch den Impuls eines Teilchens gleichzeitig zu kennen.

Das ist eine hübsche, kühne Aussage, also schauen wir uns an, warum sie sowohl wahr als auch umstritten ist.

Wenn Sie etwas sehen und messen können, dann ist es sicherlich genau das, was Sie denken und wo Sie es erwarten .

Bis heute argumentieren Wissenschaftler darüber. Viele glauben, dass die präzise Messung von Partikeln die einzige Möglichkeit sei, sich über ihr Verhalten zu vergewissern.

Warum sollte Heisenberg diesbezüglich so unsicher sein?

Heisenberg schrieb, dass es in der Natur der Quantenbewegung liegt, dass es eine Grenze dafür gibt, wie viel Wissen man daraus gewinnen kann. Er glaubte, dass in einem Quantensystem Kräfte am Werk seien, die außerhalb des Bereichs der menschlichen Beobachtung und des menschlichen Verständnisses lägen. Heisenberg ging so vor So weit, die Theorie aufzustellen, dass die Ungenauigkeit einer anderen Messung umso größer ist, je genauer eine Variable innerhalb eines Systems gemessen werden kann. Vereinfacht ausgedrückt gilt: Je präziser die Messung der Position eines Teilchens, desto ungenauer die Messung seines Impulses. und umgekehrt.

Warum sollte er das denken?

Und noch wichtiger: Konnte er es mit seiner geliebten Mathematik beweisen?

Unter Verwendung seiner zuvor vorgestellten mechanischen Matrizen machte sich Heisenberg daran, sein Unbestimmtheitsprinzip zu beweisen, und angesichts der kleinsten Variationen in der Bewegung und im Impuls der Teilchen bewies er tatsächlich, dass a mal b nicht **immer** gleich **b** mal **a war** .

Die von ihm beobachteten verschwindend kleinen Unterschiede in der Quantenbewegung dienten als mathematische Grundlage für das spätere Unsicherheitsprinzip.

Denken Sie daran, dass sich Heisenberg und seine Kollegen hauptsächlich mit mechanischen Systemen befassten, was bedeutet, dass die Teilchen nicht im Vakuum existierten, wie dies bei elektromagnetischen

Systemen der Fall ist. Heisenberg kam zu dem Schluss, dass die Existenz selbst kleinster äußerer Kräfte dazu führte, dass sich die Atome auf eine bestimmte Weise verhielten Dadurch wurde der Umfang der Beobachtung und Messung eingeschränkt, wodurch das Wissen, das man aus der Untersuchung des Systems gewinnen konnte, eingeschränkt wurde.

Da er auch ein Mann der Philosophie und des Handelns war, führte Heisenberg auch etwas durch, was seine Kohorten als *„Gedankenexperiment"* bezeichneten, obwohl Niels Bohr später zugab, dass die wissenschaftliche Grundlage der Forschung solide war. Verhalten atomarer Teilchen, nämlich Elektronen, unter Verwendung eines Gammastrahlenmikroskop.

Bei der Beobachtung dieser Teilchen bemerkte er, dass die Gammastrahlung der natürlichen Bewegung der Teilchen entgegenwirkte.

Es hat im Wesentlichen dazu geführt, dass die Elektronen *herumgeschleudert wurden* und es ihm nicht möglich war, sich ein genaues Bild davon zu machen, was das Teilchen in seinem natürlichen Zustand tun sollte . Ein genaues Mikroskop auf die Teilchen.

Was geschah, war eine noch größere Unvorhersehbarkeit seitens der Elektronen, auf die nun die Energie des stärkeren Mikroskops einwirkte.

Heisenberg ging schließlich davon aus, dass es eine Einschränkung der Natur der Quantenbewegung selbst und nicht der Umfang oder die Einschränkungen der Beobachtungsausrüstung selbst war, die das Unsicherheitsparadoxon verursachte.

, wenn er ein Beobachtungsinstrument anwendete, das mehr Energie aussendete, injizierte er diese Energie in das System und erhöhte die Unsicherheit weiter.

Wenn man weiß, was es tut, kann man seinen genauen Standort nicht bestimmen. Dieses Prinzip ist heute eine der Grundlagen der Teilchenphysik, der Quantenmechanik, der Quantenchemie und der theoretischen Physik.

Wenn Wissenschaftler das Heisenbergsche Unsicherheitsprinzip bei ihrer Arbeit anwenden wollen, berücksichtigen sie alle mildernden Faktoren, die ihre Messungen und Beobachtungen beeinflussen könnten, einschließlich der Fähigkeiten und Einschränkungen ihrer Laborausrüstung.

Sie berücksichtigen auch die Genauigkeit ihrer Basisdaten, das Vertrauen, das sie in ihre früheren oder vorbereitenden Arbeiten und die Arbeit anderer haben, sowie die zuvor bekannte Unsicherheit ähnlicher Experimente oder Materialien.

Durch das Sammeln und Zusammenstellen dieser Daten vor Beginn eines Experiments können Physiker und Chemiker das Variationspotenzial und die Fehlertoleranzen innerhalb ihrer Forschung ermitteln.

Mathematische Unsicherheit und
die Planck-Konstante in Aktion

Bei der Entwicklung einer Gleichung, um das Unsicherheitsprinzip in umsetzbaren Begriffen auszudrücken, war es für Heisenberg notwendig, Plancks reduzierte Konstante oder den h-Balken zu verwenden, den wir im letzten Kapitel besprochen haben. Die einfachste Form dieser Gleichung wird hier gezeigt:

$$\Delta x \, \Delta p_x \geq \frac{\hbar}{2}$$

Diese Gleichung ist eine visuelle Darstellung des Prinzips, und Sie können Plancks reduzierte Konstante auf der rechten Seite des mathematischen Satzes sehen.

Sie wird durch zwei geteilt, da sich auf der linken Seite der Gleichung zwei Variablen befinden.

Auf der linken Seite sehen wir zwei griechische Deltas, die die Unsicherheiten darstellen.

Das Δ gefolgt von der Variablen x stellt die Messung

der Position eines Quantenteilchens dar, und das Δ

gefolgt von der Variablen *px stellt die Messung der*

Position eines Quantenteilchens dar . Dies stellt die Messung des Impulses des Teilchens dar.

Das Δ selbst steht für die Standardabweichung.

Wenn wir alles zusammenfügen, lautet die gesamte Gleichung: „*Die Standardabweichung der Position multipliziert mit der Standardabweichung des Impulses ist größer oder gleich der Hälfte der Planckschen Reduzierten Konstante.*"
Wenn man es so aufschlüsselt, ist es nicht schwer zu erkennen, was Heisenberg mit seinem Prinzip erreichen wollte.

Die Standardabweichung ist der Betrag über oder unter einem vorhergesagten oder zuvor gemessenen Ort, an dem das Teilchen voraussichtlich gefunden werden kann, oder sein vorhergesagter oder zuvor gemessener Impuls.

Dies variiert natürlich je nach Partikel und Zustand.

Er sagte voraus, dass diese miteinander multiplizierten Beträge immer eine gleiche oder größere Zahl ergeben würden als die reduzierte Konstante dividiert durch die Anzahl der Variablen. Teilchen wurden mit hundertprozentiger Genauigkeit vorhergesagt, bevor sie überhaupt in den Wirkungsbereich kamen, statistisch gesehen Höchst, höchst unwahrscheinlich.

Trennung der Unsicherheit vom Beobachtereffekt

In der gesamten Wissenschaft gibt es ein Rätsel, das als Beobachtereffekt bekannt ist.

also, *dass alle Forschungsergebnisse falsch sind?*

Nein, und die Abweichungen in den Ergebnissen sind normalerweise so gering, dass sie fast nicht erkennbar sind.

Diese Variationen bestehen jedoch weiterhin.

Sie sind jedoch nicht mit dem Unsicherheitsprinzip zu verwechseln.

Das Unsicherheitsprinzip sollte getrennt vom Beobachtereffekt betrachtet werden, da der Beobachtereffekt in nahezu jedem Aspekt des Lebens vorhanden ist, sowohl auf mikroskopischer als auch auf makroskopischer Ebene.

Sie können in einem dunklen Raum nicht sehen, ohne mit einer Lichtquelle darauf einzuwirken. Sie können ein Atomteilchen nicht ohne ein Werkzeug beobachten, mit dem Sie Ihre Beobachtungen durchführen können. Jedes Mal, wenn wir versuchen, etwas zu beobachten, müssen wir von außen darauf einwirken Kraft, die dann Veränderungen im System bewirkt. Es scheint auch einige Fehlinformationen oder Missverständnisse zu geben, dass der Beobachter immer ein Mensch ist und dass menschliches Versagen oder Eingreifen der bestimmende Faktor für den Beobachtereffekt ist.

Das stimmt nicht, der Observer-Effekt tritt auch bei mechanischen, robotischen oder digitalen Beobachtungsinstrumenten auf .

Wir würden nie etwas lernen können!

Zum Glück sind die tatsächlichen Auswirkungen der Beobachtung größtenteils harmlos und können mit einer gewissen Fehlerquote herausgerechnet werden. Dies gilt natürlich nicht für wirklich katastrophale Interaktionen, wie etwa das Umwerfen eines gesamten Experiments oder ein anderes ungewöhnliches Ereignis.

Korrekturen, Widerlegungen und Anpassungen des Unsicherheitsprinzips

Seit Heisenberg das Unsicherheitsprinzip erstmals eingeführt hat, hat sich in der wissenschaftlichen Welt viel getan, und im Laufe der Jahrzehnte gab es zahlreiche Kontroversen und Anpassungen.

Es gibt ein, wenn auch kleines, Lager moderner Wissenschaftler, die das Heisenbergsche Unschärfeprinzip in seiner Gesamtheit widerlegt haben.

Es gibt auch eine größere Gruppe, die der Meinung ist, dass der Geist des Prinzips gewahrt bleiben sollte, dass es jedoch einiger Änderungen oder Klarstellungen bedarf, um für die Verwendung geeignet zu bleiben.

Da das Unsicherheitsprinzip nur auf Quantenebenen angewendet werden kann, haben viele Wissenschaftler das Bedürfnis, es auf die Makroebene zu übertragen, aber das ist mathematisch nicht möglich. Die Position und der Impuls von Objekten ohne den Einsatz von Geräten zu bestimmen, die die Variablen beeinflussen .In der Quantenmechanik ist es notwendig, Mess- und Beobachtungswerkzeuge zu verwenden, die sich auf das System auswirken. Dies ist einer der grundlegenden Unterschiede zwischen der klassischen Physik und der Quantenphysik und -mechanik.

Es gibt auch eine Denkrichtung, die das Unsicherheitsprinzip völlig verwirft und sich ausschließlich der Wellengleichung von Schrödinger zuwendet, obwohl dies auch nicht der fairste Ansatz ist, da es sich bei der Quantenphysik und der Quantenmechanik um zwei Seiten derselben Medaille der atomaren Vorhersagbarkeit und Messbarkeit handelt.

Das Unsicherheitsprinzip bietet mehr Flexibilität bei der Interpretation von Daten, was ironisch ist, wenn man Heisenbergs Hingabe an die Absolutheiten der Mathematik bedenkt, aber nicht überraschend, wenn man bedenkt, dass er Philosophie und Rhetorik gleichermaßen liebt.

Unabhängig davon, welcher Denkrichtung Sie

angehören, war und bleibt das Unsicherheitsprinzip ein Meilenstein in der Entwicklung der Teilchenphysik und Quantenmechanik. Es gibt viele, die es nur deshalb ablehnen, weil sie nicht über die Möglichkeit der Unfähigkeit nachdenken wollen alles über das Verhalten von Teilchen zu wissen, auch wenn wir über die Werkzeuge verfügen, es zu beobachten und zu messen.

Obwohl die Welt von vielen mutigen Menschen bevölkert ist, ist die Angst vor dem Unbekannten ein einschränkendes Verhalten des Menschen und wird wahrscheinlich nicht so schnell überwunden werden.

Der letzte kontroverse Gedanke, den wir zum Unsicherheitsprinzip äußern, lautet wie folgt und unterstützt den Grundsatz: Wenn die Instrumentierung im Laufe der Zeit immer präziser geworden ist, warum gilt das *Prinzip dann immer noch?*

Viele glauben, dass es nur noch vorausschauender geworden ist, da moderne Instrumente stärker und genauer sind als je zuvor.

Es liegt an Ihnen, zu entscheiden, was Sie zum Unsicherheitsprinzip denken, aber vielleicht könnten Sie eine lange Wanderung in den Bergen unternehmen und darüber nachdenken, so wie Heisenberg selbst es getan hätte.

Kapitel 6

Einstein und seine

Grundlegende Physik

Wir sind bei unserem letzten Kapitel angelangt, und ja, wir haben den größten Namen (und das Gesicht) der Quantenphysik für das große Finale reserviert. Albert Einstein war nicht nur einer der brillantesten Mitwirkenden der Wissenschaft, sondern auch einer der produktivsten Einstein ist auf der ganzen Welt als Pionier beim Studium und Verständnis der Quantenphysik bekannt. Werfen wir einen detaillierten Blick auf den Mann selbst und einige seiner wichtigsten und nachhaltigsten Errungenschaften und Beiträge auf dem Gebiet der Physik.

Frühes Leben und Werk

Albert Einstein wurde 1879 im Königreich Württemberg, einem Staat des Deutschen Reiches, geboren. Obwohl seine Familie nicht gläubiger Jude war, besuchte er für seine frühkindliche Bildung eine katholische Schule. Einen Großteil seiner Kindheit verbrachte er in München, wo sein Vater und sein Onkel ein Elektrizitätsversorgungsunternehmen bauten und leiteten. Einstein zeichnete sich in Mathematik und Naturwissenschaften aus und verfasste bereits vor seinem 16. Lebensjahr bemerkenswerte Arbeiten über Materiezustände. Auf Ermutigung seines Onkels begann er, sich selbst die euklidische Geometrie und Algebra beizubringen und zu studieren Der junge Albert übertraf alle Nachhilfelehrer, die ihm seine Familie zur Verfügung stellen konnte, und wurde bereits beim zweiten Versuch der Aufnahmeprüfung zum Studium an der Eidgenössischen Technischen Schule zugelassen. Beim ersten Versuch hatte er aufgrund mangelnder

Kenntnisse nicht bestanden Allgemeinbildung.

Mit der Erlaubnis seines Vaters verzichtete Einstein auf seine deutsche Staatsbürgerschaft und nahm die Schweizer Staatsbürgerschaft an, um der Wehrpflicht zu entgehen. Er schloss die technische Schule mit Bestnoten ab, war aber frustriert über den Mangel an Lehrstellen in seinem Fachgebiet. Es gelang ihm nicht, einen Akademiker zu finden Nach seinem Job nahm der angehende Wissenschaftler eine Stelle beim Eidgenössischen Patentamt an – eine Entscheidung, die den Lauf der Wissenschaftsgeschichte verändern sollte.

Während seiner Arbeit beim Patentamt überprüfte Einstein eine Reihe von Erfindungsanmeldungen, die angeblich elektrische Signale nutzbar machten.

Es waren diese Patentanmeldungen, die Einsteins Faszination für den Zusammenhang zwischen geladenen Teilchen und der Natur der sich bewegenden Atome und des Lichts neu entfachen sollten.

Einstein gab sich nicht damit zufrieden, in einem niedrigen Regierungsjob zu verkümmern, sondern arbeitete an seinen höheren Abschlüssen und diskutierte mit seinen Freunden über Naturwissenschaften und

Philosophie. 1905 erhielt er schließlich seinen Doktortitel von der Universität Zürich und leitete damit das ein, was man seine „ *Wunderjahr"* , und um ehrlich zu sein, wird das, was er allein im Jahr 1905 erreichte, den größten Teil des restlichen Kapitels einnehmen.

Er präsentierte und verteidigte nicht nur seine Dissertation über die Bestimmung molekularer Abmessungen, sondern veröffentlichte auch wichtige Arbeiten zur Brownschen Bewegung, zum photoelektrischen Effekt, zur Theorie der speziellen Relativitätstheorie und zur Massenäquivalenzgleichung, die heute als die berühmteste gilt Gleichung in der Welt. Es sollte beachtet werden, dass Einstein in diesem Jahr gerade einmal 26 Jahre alt wurde.

Brownsche Bewegung

Einsteins erste bahnbrechende Arbeit aus dem Jahr 1905 war seine Abhandlung über die Brownsche Bewegung. Im einfachsten Sinne ist die Brownsche Bewegung die zufällige Bewegung von Teilchen, wenn sie in einem Gas oder einer Flüssigkeit suspendiert sind. Dieses Phänomen ist nach einem Botaniker namens Robert Brown benannt, der in 1827 beobachtete er die Bewegung von im Wasser schwebenden Pollen. Einstein war der erste, der Browns Aufzeichnungen über das Ereignis ernsthafte Glaubwürdigkeit verlieh.

Als Einstein seine Arbeit veröffentlichte, tat er dies, um zu bekräftigen, dass die Brownsche Bewegung das Ergebnis der Anwesenheit von Atomen und Molekülen im Wasser war, die einen Kanal für die Bewegung der Pollenpartikel darstellten. Es gibt keine Konstante für die ausgeübte Kraft Auf den Teilchen wird ihre Bewegung als schwebend beobachtet.

Geht man mit dieser Theorie noch etwas weiter, geht man davon aus, dass keines der beschossenen und herumgeschleuderten Teilchen aufgrund ihrer Zufälligkeit gezählt werden kann, ebenso wenig wie die Atome oder Moleküle, aus denen das energetische Medium besteht. Seine Theorien, obwohl beide Gleichungen (jede etwa eine Seite lang) wurden durch vereinfachte Versionen anderer Wissenschaftler ersetzt.

Obwohl seine Gleichungen auslaufen und die Theorie der Brownschen Bewegung 1909 von Jean Perrin und nicht von Einstein selbst bewiesen wurde, verbleibt der ursprüngliche Verdienst des Konzepts bei Einstein.

In wahrer Einstein-Manier amüsierte ihn die anfängliche Brüskierung seiner Theorie mehr, als dass er stolz darauf war, als sie endlich bewiesen wurde.

Einsteins Auffassung der Brownschen Bewegung sollte sich als maßgeblich für die Entwicklung mehrerer anderer Theorien sowohl der klassischen als auch der theoretischen Physiker sowie derjenigen erweisen, die sich mit den aufstrebenden Bereichen der Quantenphysik und Quantenmechanik beschäftigten: Wärme, Stokes Gesetz und das ideale Gasgesetz.

Der photoelektrische Effekt

Der photoelektrische Effekt ist eine weitere bahnbrechende Hypothese Einsteins aus dem Jahr 1905 und würde die Sicht der Wissenschaft auf die Art und Weise verändern, wie sich Licht ausbreitet und übertragen wird. Strahlung im Lichtspektrum. Mit anderen Worten, wenn Licht (ultraviolett bis infrarot) eine Substanz berührt, Es bewirkt, dass diese Substanz Elektronen freisetzt. Der Grund dafür, dass Einsteins Arbeit so innovativ war, liegt darin, dass sie in direktem Widerspruch zur elektromagnetischen Theorie der klassischen Physik stand. Dieses Modell zeigte einen vorhersehbaren Elektronenfluss entlang eines elektrischen Feldes, das durch die Kraft und Energie von erzeugt wurde die umgebende Strömung.

In Einsteins Modell der Photoelektrizität fließen die Elektronen nicht, sondern werden ziemlich heftig aus ihrer Ausgangssubstanz geschleudert. Stellen Sie sich vor, Sie stehen vor einer Wand aus Gipskartonplatten.

Was würde passieren, wenn Sie etwas gegen die Wand werfen würden? Abhängig von der Wucht des Wurfs könnte es durch die Wand gehen.

Oder es könnte gegen die Wand stoßen, all seinen Schwung verlieren und zu Boden fallen. Egal welche dieser drei Reaktionen auftritt, eines ist sicher: Wann und wo werden sich Teile der Trockenbauwand von der Wand lösen Ihr Objekt trifft darauf.

Sie können sich die Wand als Testsubstanz vorstellen, das Objekt, das Sie werfen, als einen Lichtenergiestrahl und die Trockenbauwand, die von der Wand fliegt, während die Elektronen freigesetzt werden.

Einstein war sicherlich nicht der Erste, der den photoelektrischen Effekt vermutete, aber er war der Erste, der ernst genommen wurde. Bereits in den 1860er Jahren schlugen Wissenschaftler vor, dass Licht sowohl die Eigenschaften von Teilchen als auch von Wellen habe, wussten jedoch nicht, wie sie dies beweisen sollten In den späten 1880er Jahren gelang es Heinrich Hertz, elektromagnetische Strahlung zu erzeugen. Dennoch konnte er nicht erklären, warum sich seine Ergebnisse änderten, als er ultraviolette

Strahlen anstelle von sichtbarem Licht oder Infrarot verwendete. Ultraviolett trägt mehr kinetische Energie und hat einen größeren Impuls als längere Wellenlängen der Infrarotstrahlung.

Die nächste Person, die sich dem Geheimnis der Lichtenergie widmete, war JJ Thomson, den wir zu Beginn dieses Buches als Begründer des Plumpudding-Modells des Atoms kennengelernt haben.

Wie Sie sich erinnern, war Thomson auch der Erste, der Elektronen identifizierte. Es war ein Wissenschaftler namens Philipp Lenard, der die Lücke zwischen Thomson und Einstein schließen sollte, als Lenard umfangreiche Forschungen zur Ermittlung der Mindestschwelle durchführte, bei der Licht Elektronen aus anderen Materialien entladen würde Er experimentierte damit, die Intensität seiner Lichtquellen zu erhöhen, konnte aber nie eine Erklärung dafür finden, warum sich die Materialien so verhielten. Da kam Einstein auf den Plan, der die Verbindung zwischen dem Verhalten des Lichts und seiner tatsächlichen Natur herstellte. Das heißt, dass Licht, da es keine Masse hat, aus reiner Energie bestehen muss und daher eine Welle von Teilchen ist, von denen wir heute wissen, dass sie Photonen sind.

Ohne die Lösung des Rätsels des photoelektrischen Effekts durch Einstein wären wir nie zu einem vollständigen Verständnis der Teilchenwellen-Dualität gelangt.

Er konnte erklären, warum Lenards Experimente mit der Lichtintensität nicht die erwarteten Ergebnisse brachten – es fehlte nicht die Amplitude seiner Wellen, sondern vielmehr die Frequenz.

Durch die Erhöhung der Wellenfrequenz im experimentellen Prozess konnte Einstein zu den von Lenard gesuchten Ergebnissen gelangen, nämlich einer Zunahme der Elektronen, die von einer Metallplatte freigesetzt wurden, wenn sie von Lichtwellen getroffen wurde.

Mit einer Arbeit über den photoelektrischen Effekt stellte Einstein die Welt der theoretischen Physik auf den Kopf.

Durch die Behauptung, dass Licht tatsächlich ein Strom von Teilchen sei, der sich wie eine Welle verhalte, veränderte sich das Gesicht der Quantenphysik für immer. In der richtigen Einstein-Form war er natürlich in der Lage, eine Reihe von Gleichungen zu erstellen, um seine Theorie zu quantifizieren, und Im Gegensatz zu seinen Gleichungen für die Brownsche Bewegung blieben diese bestehen.

Um den photoelektrischen Effekt mathematisch zu nutzen, sieht Einsteins Gleichung so aus:

$$\mathbf{Kmax} = h\nu - W$$

Schauen Sie! Da ist unser alter Freund Plancks Konstante, der uns zur Hand geht. Lassen Sie uns aufschlüsseln, was in dieser Gleichung passiert, beginnend mit dem K auf der linken Seite. Diese Variable mit ihrem Index steht für die maximale kinetische Energie *der* Elektronen auf der Oberfläche, bevor es einer Lichtwelle ausgesetzt wird.

Auf der rechten Seite der Gleichung sehen wir die Variablen, die wir zur Bestimmung dieser maximalen kinetischen Energie benötigen. h ist die Plancksche Konstante und wird mit ν multipliziert, was die Frequenz der Welle ist, die auf die Elektronen wirkt. total von $h\nu$ wird dann die letzte Variable *W* subtrahiert, wobei *W* die Austrittsarbeit der Elektronen ist.

Um die Arbeit und Funktionsweise etwas besser zu verstehen, könnte es hilfreich sein zu wissen, dass diese Variable manchmal als BE dargestellt wird, was für Bindungsenergie steht.

Es ist die Aufgabe des Wissenschaftlers, die Schwellenfrequenz der von ihnen verwendeten Wellen im Vergleich zu dem Material zu bestimmen, aus dem sie Elektronen entfernen möchten .

Diese Beziehung wird zwischen Materialien mit robusten und stabilen Elektronenbindungen proportional zunehmen. Diese Materialien benötigen elektromagnetische Wellen mit zunehmender Frequenz, damit sie ihre Elektronen abgeben.

Seine Arbeit zur Erklärung des photoelektrischen Effekts war so bahnbrechend, dass es das Konzept ist, das Einstein 1921 trotz seiner bahnbrechenden Theorien seinen Nobelpreis einbrachte. Indem er Licht sowohl als Welle als auch als Teilchen kategorisierte, öffnete Einstein die Türen für die Forschung und Es war die Weiterentwicklung so vieler anderer Theorien und brachte eine völlig neue Welt der

Quantenmöglichkeiten hervor.

Allgemeine Relativitätstheorie, Spezielle Relativitätstheorie und Massenäquivalenz

Um zu verstehen, warum Einsteins Relativitätstheorien und das Konzept der Massenäquivalenz so wichtig waren und bleiben, müssen wir ein wenig in der Zeit zurückgehen.

Da die gesamte Physik auf der Arbeit der vorangegangenen Wissenschaftler aufbaut, müssen wir uns zunächst die beiden älteren Komponenten ansehen, die die Hauptfaktoren für die späteren Hypothesen Einsteins waren.

Der erste Faktor sind die klassischen Bewegungsgesetze, die Sir Isaac Newton im späten 17. Jahrhundert entwickelte.

Aus Newtons weltverändernden Theorien wissen wir Folgendes:

1) Ein Körper in Bewegung bleibt in Bewegung, und

ein Körper in Ruhe bleibt in Ruhe, sofern keine äußere Kraft auf ihn einwirkt.

2) Kraft ist gleich der Impulsänderung pro Zeiteinheit.

3) Jede Aktion hat eine gleiche und entgegengesetzte Reaktion.

Newtons Gesetze bildeten die Grundlage der klassischen Physik und blieben fast zwei Jahrhunderte lang unbestritten.

Erst als man begann, sie genauer zu untersuchen, begann die Abweichung zwischen klassischer Physik und Quantenphysik.

Wie wir wissen, verhalten sich Quantenteilchen nicht wie Makroobjekte.

Das zweite, was wir im Hintergrund der Entwicklung der Relativitätstheorien berücksichtigen müssen, ist die Entdeckung der Lichtgeschwindigkeit und frühe Arbeiten zur Natur des Lichts.

Ein schottischer Physiker namens James Maxwell bestimmte 1865 als erster die Lichtgeschwindigkeit (186.000 Meilen pro Sekunde) und schlug außerdem vor, dass Licht sowohl die Eigenschaften einer Welle als auch eines Teilchens aufweist. Der Eindruck, dass Licht ein Medium benötigt, durch das es hindurchdringt reisen.

In den 1880er Jahren knackten zwei amerikanische Wissenschaftler den Code, ob Licht ein Medium benötigt oder ob es sich im Vakuum bewegen kann.

Es klingt wie der Anfang eines Witzes, aber ein Physiker und ein Chemiker gingen in eine Bar und wetteten miteinander, dass sie die Geheimnisse des Lichts entschlüsseln könnten.

Okay, so ist es nicht ganz gelaufen, aber das Ergebnis ist, dass AA Michelson und Edward Morley festgestellt haben, dass Licht keinen „ *Äther*" *braucht* , um es zu umgeben, und sich selbstständig durch Raum und Zeit bewegen kann, vielen Dank. So wie Wissenschaftler , und wir alle denken über die Natur des Lebens nach.

Als Einstein in den 1890er Jahren noch ein Teenager war, war er von der Bewegung und Natur des Lichts fasziniert, verfasste ausführliche Aufsätze und führte seine berühmten *„Gedankenexperimente"* zu diesem Thema durch.

Er schrieb über ein solches Experiment, bei dem er sich vorstellte, auf einer Lichtwelle zu reiten und sah, wie eine andere Lichtwelle parallel dazu lief.

Obwohl sich seine Masse über der ersten Welle befand, blieb die Geschwindigkeit davon unberührt und die beiden Lichtstrahlen bewegten sich weiterhin mit der gleichen Geschwindigkeit. Worauf der junge Einstein gestoßen ist, waren die Ursprünge seiner Relativitätstheorien.

Die klassische Physik hätte Einstein gesagt, dass die relative Geschwindigkeit der Wellen netto Null wäre, wenn er sich auf einer sich bewegenden Welle befände, die parallel zu einer anderen Welle läuft, die sich mit derselben Geschwindigkeit bewegt.

Dies steht jedoch in direktem Widerspruch zu Maxwells nachgewiesenem Standpunkt, dass sich Licht immer mit der gleichen Geschwindigkeit ausbreitet, von der wir wissen, dass sie 186.000 Meilen pro Sekunde beträgt.

Dies brachte Einstein zum Nachdenken: *Wie können nebeneinander wandernde Lichtstrahlen die gleiche Geschwindigkeit von 186.000 Meilen pro Sekunde haben, aber auch eine Relativgeschwindigkeit von Null?*

Wenn Sie bisher mitverfolgt haben, können wir zu folgendem Schluss kommen: Zwei Objekte, die sich mit exakt derselben Geschwindigkeit entlang derselben Achse bewegen, haben denselben Standpunkt und sehen dieselben Dinge.

Es geschieht alles gleichzeitig und ihre relative Geschwindigkeit ist Null. Dies folgt den Theorien der klassischen Physik, mit denen Einstein nicht einverstanden war.

Wenn sich jedoch zwei Objekte nicht mit der gleichen Geschwindigkeit bewegen, ist ihre relative Geschwindigkeit die Differenz zwischen den beiden Geschwindigkeiten. Stellen Sie sich Züge vor, die auf parallelen Gleisen fahren. Ein Zug fährt 100 km/h und der andere 50 km/h. Wiegen Sie die Das Gleiche gilt, sie verlassen den Bahnhof gleichzeitig und erreichen gleichzeitig ihre maximale Beschleunigung, aber der schnellere Zug erreicht sein Ziel in der Hälfte der Zeit wie der langsamere Zug, da sie einen relativen Geschwindigkeitsunterschied von 50 km/h haben.

Der erste Zug legt in einer Stunde 100 Meilen zurück, der zweite Zug benötigt für die gleiche Strecke zwei Stunden.

Licht hat dieses Problem nicht. Licht bewegt sich

immer mit der gleichen Geschwindigkeit und muss sich nicht um Widerstand, Reibung oder andere Gegenkräfte kümmern.

Wenn im vorherigen Beispiel zwei Lichtstrahlen die Züge ersetzen würden, würden diese Lichtstrahlen gleichzeitig ihr Ziel erreichen.

Sie haben immer eine relative Geschwindigkeit von Null. Fügen wir nun eine weitere Variable hinzu. Zurück zu den Zügen: Nehmen wir an, ein Zug fährt an einem festen Punkt vorbei, etwa an einer Meilenmarkierung. Markierung, wenn der Zug mit 100 km/h vorbeifährt, he würde sehen, wie der Zug an ihm vorbeifährt, und könnte den gesamten Zug beobachten. Der Zug und der Mann haben eine relative Geschwindigkeit von 100 km/h, weil der Zug fährt und der Mann stillsteht.

Nun setzen wir den Mann in einen Zug, der auf einem parallelen Gleis in die entgegengesetzte Richtung fährt.

Dieser Zug fährt ebenfalls mit 100 km/h. Beide Züge verließen ihr Ziel gleichzeitig und erreichten gleichzeitig die maximale Beschleunigung. Sie passieren gleichzeitig die Meilenmarkierung in der Mitte der Strecke. Dass beide Züge daran vorbeifahren, ist ihre relative Geschwindigkeit wird Null werden und es scheint, als ob die Zeit langsamer geworden wäre.

Dies ist das Phänomen, das Einstein am meisten interessierte. Seine Neugier auf die gleichzeitige Natur der Bewegung im Verhältnis zur Zeit führte direkt zu seiner Schaffung der speziellen Relativitätstheorie und der Entdeckung des Raum-Zeit-Kontinuums.

Einstein fragte sich warum, unabhängig von Geschwindigkeit und Position;

Er fragte sich auch, welchen Einfluss die Zeit auf die Gleichung hatte.

Die von ihm entwickelte Theorie impliziert, dass die Lichtgeschwindigkeit die absolute Geschwindigkeitsgrenze im Universum darstellt und dass aufgrund der Natur der Masse kein Objekt jemals die Lichtgeschwindigkeit übertreffen kann. Da Licht keine Masse hat, ist es das einzige, was dies kann Reisen Sie mit dieser Geschwindigkeit. Er stellte auch die Theorie auf, dass die Masse zunimmt, wenn die Geschwindigkeit eines Objekts zunimmt, und dass das Objekt schließlich so schwer wird, dass seine Masse zum begrenzenden Faktor wird. , und es ist brillant in seiner Einfachheit:

$$E = mc2$$

Lassen Sie es uns aufschlüsseln. Auf der linken Seite der Gleichung sehen wir die Variable E , die die Gesamtenergie eines Objekts darstellt. Da wir wissen, dass Masse und Energie nicht erzeugt oder zerstört werden können, wissen wir, dass es bei Objekten Massenäquivalenz gibt das einen Welle-Teilchen-Dualismus aufweist.

Diese Gleichung zeigt uns, was mit einem Objekt passiert, das sich mit der quadrierten Lichtgeschwindigkeit bewegt (hier mit dem Buchstaben c bezeichnet).

Dies ist eine Zahl, die mikroskopisch knapp unter 90.000.000.000 Quadratkilometern pro Sekunde liegt.

Diese Zahl wird dann mit der Masse des Objekts multipliziert, sagen wir 10 Kilogramm. Die Energie in dieser Masse beträgt nun 900.000.000.000 Joule.

Das ist eine lächerliche Energiemenge! Aber es ist immer noch nicht genug Energie, um dieses Objekt schneller als mit Lichtgeschwindigkeit zu bewegen.

Einstein fand heraus, dass ein Gegenstand umso schwerer wird, je schneller er sich bewegt.

Während das Objekt sich der Lichtgeschwindigkeit nähert, verhindert seine ständig zunehmende Masse, dass es jemals die maximale Geschwindigkeit erreichen kann. Daher wird das Objekt niemals schneller als die Lichtgeschwindigkeit sein können, die höchste in unserem Universum zulässige Geschwindigkeit. Am einfachsten Die Aussage der speziellen Relativitätstheorie lautet: Je näher ein Objekt der Lichtgeschwindigkeit kommt, desto näher wird seine Masse dem Unendlichen, was bedeutet, dass es niemals in der Lage sein wird, die Lichtgeschwindigkeit zu übertreffen .

Machen Sie sich keine Sorgen, wenn Ihnen die spezielle Relativitätstheorie nicht intuitiv erscheint; das kam auch Einstein und seinen Zeitgenossen so vor.

Wie kann sich etwas so schnell weiterbewegen und nie die Höchstgeschwindigkeit erreichen?

Denn wenn wir an Dinge denken, die sich bewegen, neigen wir dazu zu denken, dass sie die Fähigkeit besitzen, sich in drei Dimensionen auf einer vertikalen

Achse nach oben und unten, auf einer horizontalen Achse nach links und rechts und auf einer rotierenden Achse vorwärts und rückwärts zu bewegen.

Aber Einstein sah die Dinge etwas anders und schlug vor, dass es eine vierte Dimension gibt, die berücksichtigt werden muss, und diese vierte Dimension ist die Zeit.

Einstein postulierte, dass bei der Betrachtung relativer Bewegungen und Geschwindigkeiten die Zeit berücksichtigt werden MUSS. Die Idee der Zeit als vierte Dimension war von anderen Physikern vor Einsteins Interesse an der Relativitätstheorie in Umlauf gebracht worden. Er sah die Arbeit des deutschen Mathematikers Hermann Minkowski, Als Minkowski 1908 eine Arbeit veröffentlichte, die seine mathematischen Theorien über die Raumzeit als vierte Dimension festigte, war Einstein fasziniert von den Matrizen, die die Zeit als Vektor einschlossen, der ein fester Punkt sein konnte, genau wie die Standardpunkte entlang der x- und y-Achse , und Z-Achsen könnten es sein. Dies war die Grundlage, die Einstein zu der Annahme veranlasste, dass Zeit als Koordinate verwendet werden könne, und so wurde das Konzept der Raumzeit geboren. Einstein begann sich auch zu fragen, was passieren würde, wenn wir aufhören würden, über Bewegung nachzudenken durch den Raum und begann darüber nachzudenken, wie sich der Raum um uns herum bewegt.

Haben Sie jemals am Strand gestanden und zugelassen, dass eine Meereswelle über Ihre Füße und Beine hereinströmt? Sie sind der Fixpunkt, und das Meer ist der Körper in Bewegung. Wenn Sie jedoch stehen und auf einen anderen Fixpunkt am Horizont blicken, wann Wenn die Welle über Ihre Füße kracht, werden Sie das Gefühl haben, als würden Sie sich rückwärts bewegen, wenn die Welle zurückgeht. Das gleiche Phänomen spüren wir manchmal, wenn wir auf einer mehrspurigen Autobahn fahren. Denn es ist statistisch nicht wahrscheinlich, dass jedes Fahrzeug genau mit der gleichen Geschwindigkeit fährt Bei gleicher Geschwindigkeit wird es Zeiten geben, in denen Sie auf das Fahrzeug neben Ihnen schauen und den Eindruck gewinnen, dass das andere Auto rückwärts fährt und nicht, dass Sie vorwärts fahren.

Als Einstein begann, über die Zeit als die vierte Dimension nachzudenken, begann er sich zu fragen, warum die Zeit scheinbar langsamer wurde, wenn Objekte beschleunigt wurden.

Dieser Gedankengang führte Einstein von der speziellen Relativitätstheorie, die nur Objekte betraf, die sich mit einer festen Geschwindigkeit entlang einer festen Ebene bewegten, zur Theorie der allgemeinen Relativitätstheorie, die alle Objekte in Raum und Zeit betrifft, die sich mit unterschiedlichen Geschwindigkeiten bewegen .

Indem er Beschleunigung und Zeit als Dimension in seine Überlegungen einbezog, gelang es Einstein, die folgende Hypothese aufzustellen.

Raum und Zeit sind die beiden Komponenten der Raumzeit, und die resultierenden Kräfte innerhalb der Raumzeit (Kraft, Masse, Beschleunigung) erzeugen zusammen das als Schwerkraft bekannte Phänomen Universum zwischen Objekten größerer und kleinerer Masse.

Mit dieser Theorie hatte Einstein im Wesentlichen eines

der größten Rätsel des Universums gelöst. Vor der Veröffentlichung seiner Arbeit „Die Grundlagen der Allgemeinen Relativitätstheorie" im Jahr 1915 verstanden Wissenschaftler, was Schwerkraft ist, sie wussten jedoch nicht Verstehen Sie, warum die Schwerkraft funktioniert. Der einfachste Weg, die allgemeine Relativitätstheorie zu erklären, besteht darin, sich vorzustellen, dass die Raumzeit eine riesige Stoffbahn ist. Wenn Sie ein großes Objekt in die Mitte der Stoffbahn legen, entsteht eine Senke, auf der kleinere Objekte platziert werden Der Stoff beginnt, in Richtung des größeren Objekts zu rollen. Dies stellt die Schwerkraft des größten Objekts dar. Aber jedes dieser kleineren Objekte hat seine eigene Masse und erzeugt seine eigene kleine Senke. Unabhängig davon, ob diese kleinen Objekte den ganzen Weg rollen, um auf das große Objekt zu treffen, oder nicht hängt davon ab, wie viel Schwerkraft sie jeweils besitzen. Masse und Schwerkraft stehen in direktem Zusammenhang, je größer die Masse, desto stärker die Schwerkraft. Wenn das kleinere Objekt eine ausreichend große Senke erzeugen kann, verhindert es, dass sie bis zur Position des größeren Objekts rollen, und hilft ihnen, ihren eigenen Platz in der Raumzeit zu behalten.

Dies ist einer der Gründe, warum unser Sonnensystem funktioniert.

Die Sonne hält die schwerste Masse im Zentrum unseres Systems, und alle Planeten kreisen um die Sonne, aber jeder sitzt auch in seiner eigenen Senke, was verhindert, dass sie „bergab" in die Sonne rollen. Das verhindert, dass alles hineingezogen wird der Sonne, wie individuelle Rotation.

Die Gegenwirkung von Spin und Schwerkraft verhindert, dass jeder Planet seine Umlaufbahn verlässt und von der Sonnenmasse „angesaugt" wird.

Dies hilft uns auch, die Existenz und das Verhalten von Schwarzen Löchern zu erklären. Während unsere Sonne eine enorme Masse hat (1,989 × 10^30 kg), können Schwarze Löcher im Durchschnitt das Drei- bis Zehnfache dieser Masse haben. Zentrum unserer Galaxie, Die Milchstraße hat eine Masse, die 4,3 Millionen Mal so groß ist wie die unserer Sonne.

Dies zeigt uns, warum nichts, einschließlich Licht, der Schwerkraft eines Schwarzen Lochs entkommen kann.

142

Ihre Masse ist einfach zu groß im Vergleich zu allem anderen, was im umgebenden Universum existiert. Soweit Einsteins Ansicht darüber, ob Singularitäten die Existenz von Singularitäten anzeigen könnten oder nicht Wurmlöcher für die Nutzung von Zeitreisen, hielt der Physiker theoretisch für möglich.

Allerdings glaubte er auch, dass, wenn nichts den Anziehungspunkt in der Singularität eines Schwarzen Lochs überleben könnte, die Chancen eines Menschen, den Durchgang durch ein Wurmloch zu überleben, sehr gering, wenn nicht gar Null seien. Einstein führte viele seiner berühmten Gedankenexperimente durch über die Möglichkeiten von Zeitreisen, konnte aber nie eine beweisbare Theorie aufstellen.

Die Allgemeine Relativitätstheorie erklärt auch das Phänomen der Zeitdilatation, das in Gravitationsfeldern auftritt. Die Zeit, wie wir sie kennen oder betrachten, wurde erstmals vor Tausenden von Jahren gemessen. Frühe Systeme der Zeitmessung wurden 3500 v. Chr. von den Sumerern entwickelt , und auch die alten ägyptischen, römischen und griechischen Gesellschaften verfügten über Systeme zur Zeitmarkierung, hauptsächlich durch die Verwendung von Sonnenuhren. In den folgenden Jahrhunderten begann die Erfindung und Verwendung des Pendels zu zeigen, dass die Zeit in einem kausalen Zusammenhang mit der täglichen Rotation des Pendels stand Erde. Schließlich wurde das System, das wir heute kennen, verfeinert: 60 Sekunden zu einer Minute, 60 Minuten zu einer Stunde und 24 Stunden zu einem Tag.

Einstein wollte jedoch zeigen können, dass die Zeitdilatation ein reales Phänomen ist, und er glaubte, dass seine allgemeine Relativitätstheorie eine perfekte Grundlage für dieses Konzept wäre. Zeitdilatation tritt auf, wenn die Schwerkraft nicht nur den sie umgebenden Raum, sondern auch den umgebenden Raum beeinflusst Zeit. Dies lässt sich mit einem einfachen Experiment hier auf der Erde beweisen: Jemand, der sich auf einem Berg befindet, und jemand, der sich unten in einem Tal befindet, können beide dasselbe exakte Zeitmessgerät bei sich tragen, aber auf dem Berg vergeht die Zeit schneller Warum *ist das so?* Denn die Schwerkraft ist umso geringer, je weiter man sich vom Massenmittelpunkt der Erde entfernt.

Die Schwerkraft im Tal ist stark genug, um die Zeit buchstäblich zu verlangsamen.

Dies ist das einfachste Beispiel für Zeitdilatation auf der Welt.

Auf der Erdoberfläche, zwischen dem Tal und dem Berggipfel, ist die Zeitdilatation zwar spürbar, aber nicht monumental. Sie können beginnen zu verstehen, warum dies eine wichtige Überlegung in Einsteins allgemeiner Relativitätstheorie ist. Die Verlangsamung der Zeit in der Nähe von Objekten mit a Die dichte Masse und die Anziehungskraft haben Auswirkungen auf alle Objekte, die sich durch die Raumzeit bewegen. Raumfahrt, die wir hoffentlich eines Tages erreichen werden, und erklärt, warum wir die Beschleunigung von Objekten in Richtung von Objekten mit höherer Anziehungskraft beobachten. Außerdem lässt sich die Zeit selbst schneller bewegen.

Ein weiteres Konzept, das Einstein durch die allgemeine Relativitätstheorie erklärt fühlte, ist das des freien Falls.

Wir neigen dazu, Stürze im Alltag als eine Funktion von Beschleunigung und Schwerkraft zu betrachten.

145

Aus unserem wissenschaftlichen Grundwissen wissen wir, dass sich anhand von Masse, Geschwindigkeit, Zeit und Kraft berechnen lässt, wie schnell etwas fallen wird. Aber Einstein interessierte sich nicht für klassische Physik und Mechanik. Was er erforschen wollte, war die Idee, ohne die Gegenkräfte Reibung, Schwerkraft und Widerstand zu fallen – mit anderen Worten, freier Fall.

Mithilfe der Allgemeinen Relativitätstheorie konnte Einstein schlussfolgern, dass ein Objekt ohne jegliche Schwerkraft theoretisch für immer fallen könnte, bis es von einer äußeren Kraft oder einem Objekt beeinflusst wird, nämlich auf einer Oberfläche landet. Einstein stellte die Hypothese auf, dass seither alle Objekte im freien Fall erfahren sie unabhängig von der Masse die gleiche Beschleunigung, wenn die Gravitationskraft dem Erdstandard von 9,8 m/s2 entspricht, und wenn die Schwerkraft aufgrund einer Krümmung oder Abflachung der Raumzeit zunimmt oder abnimmt (erinnern Sie sich an unser Stoffbeispiel?), dann Auch die Beschleunigung oder Verlangsamung des freien Falls wäre betroffen.

Die Allgemeine Relativitätstheorie bietet viel zum

146

Nachdenken.

Aber wenn man nur diese wenigen wichtigen Grundsätze versteht, ist es leicht zu erkennen, warum Einsteins Theorien seitdem einen solchen Einfluss auf fast jeden Durchbruch in der Quantenphysik, Quantenmechanik und theoretischen Physik hatten und immer noch haben.

Wenn Sie über die allgemeine Relativitätstheorie nachdenken, denken Sie sicherlich darüber nach, welchen Platz Sie im Universum einnehmen, nicht wahr?

Von den kleinsten Teilchen und Photonen bis hin zu den dichtesten Schwarzen Löchern sind wir an einem einzigartigen Ort, um beide Enden des Spektrums studieren und verstehen zu können.

Spätere Jahre und bleibende Auswirkungen von Einsteins Werk

Auch wenn es den Anschein hat, als seien die meisten bahnbrechenden Werke Einsteins entstanden, als er noch jung war, genoss der Physiker eine lange Karriere als Lehrer, reiste und hielt Vorträge, bis er 1955 in den Vereinigten Staaten verstarb. Wie viele seiner Theorien war Einsteins Leben selbst kompliziert und gezeichnet von Krieg und persönlichen Widersprüchen. Einer der brillantesten wissenschaftlichen Köpfe der Welt war, selbst nach eigener Aussage, nicht der Beste in zwischenmenschlichen Beziehungen. Er hatte zwei Ehen, die durch seine Unfähigkeit, treu zu bleiben, beeinträchtigt wurden. Pazifist, eine Eigenschaft, die würde ihm ein sich wiederholendes Thema moralischer Konflikte verleihen .

Wie Sie sich erinnern, verzichtete Einstein auf seine Geburtsbürgerschaft im Deutschen Reich, um der Wehrpflicht zu entgehen, und wurde 1901 Schweizer

Staatsbürger. 1914 unterzeichnete er eine offizielle Erklärung, in der er ganz Europa verkündete, dass er ein Pazifist und Globalist sei, und unterstrich damit seine Überzeugung, dass seine Wissenschaft allen Menschen gehörte, nicht nur denen der Nation, in der er lebte und arbeitete. Am Ende des Ersten Weltkriegs wurde Einstein zum ersten Mal zu einem Besuch, einer Tournee und einem Vortrag in den Vereinigten Staaten eingeladen Er kam 1921 in die USA und verbrachte über einen Monat damit, seine Auftritte als Spendensammler für die Hebräische Universität in Jerusalem zu nutzen.

, als die beiden Denkrichtungen der Quantenphysik und Quantenmechanik, Einsteins Schule und Bohrs Schule , wirklich auseinanderzudriften begannen. Im Jahr 1927 führten die beiden Männer eine Reihe äußerst populärer Debatten die breite Öffentlichkeit und Einsteins Popularität in der Popkultur begann erneut zu steigen. Der Aufstieg der Nazi-Partei in Deutschland beunruhigte Einstein, und so nahm er eine Stelle an der Princeton University in New Jersey als Leiter des Institute of Advanced Study an. Während er Er hatte vorgehabt, seine Zeit zwischen New Jersey und Berlin aufzuteilen, doch seine Einstellung als Pazifist machte ihn in seiner Heimat Deutschland unwillkommen. 1933 trat er aus der Preußischen Akademie der Wissenschaften aus und erklärte, dass er wahrscheinlich nie in sein Heimatland zurückkehren würde.

Während seiner Arbeit in den Vereinigten Staaten wurde Einstein schmerzlich bewusst, dass viele andere Physiker hart daran arbeiteten, die Kernkraft für den Einsatz in Waffen nutzbar zu machen. Er unterzeichnete sogar einen Brief an Präsident Franklin D.

Roosevelt erklärte, dass auch deutsche Wissenschaftler an der Nukleartechnologie arbeiteten, die zur Herstellung einer Atombombe erforderlich sei. Obwohl er tief in seinem eigenen Pazifismus verwurzelt war, ermutigte Einstein den Präsidenten der Vereinigten Staaten, dafür zu sorgen, dass das Militär bei der Entwicklung von Atomwaffen gewissenhaft vorgeht Einstein wusste um die Bedeutung seiner Arbeit bei der Entwicklung dieser Technologie und wollte sicherstellen, dass dies auch dem Anführer seiner neuen

150

Heimat gelang.

Trotzdem und obwohl Einstein 1940 US-amerikanischer Staatsbürger wurde, arbeitete er nie direkt an der Herstellung der Atombombe. Den Wissenschaftlern des Manhattan-Projekts war es aufgrund seiner linken politischen Neigung ausdrücklich verboten, mit Einstein zu sprechen Obwohl die Kernspaltung ohne Einsteins Massenäquivalenzgleichung nicht möglich gewesen wäre, würde er nie direkt mit Atomwaffen arbeiten, was ihn nicht im Geringsten störte. Er wusste, welchen Einfluss er bereits auf deren Entwicklung hatte, aber Aufgrund seiner festen Überzeugung, dass die Wissenschaft den Menschen gehört, hatte Einstein auch das Gefühl, keine Kontrolle darüber zu haben, was andere mit seinen Theorien und Erkenntnissen wollten.

Der Grund dafür, dass $E=mc2$ so wichtig für die Weiterentwicklung der Kerntechnologie war, liegt darin, dass es den Wissenschaftlern einen Kontext für die Arbeit an der Spaltung des Atoms bot. Die Kernspaltung ist das Herzstück der Atomwaffen. Die Kernkraft selbst ist vom natürlichen Zerfall abhängig der Radioaktivität, und bald würde die Technologie zum Bau von Kraftwerken und nuklearbetriebenen Wasserfahrzeugen wie U-Booten eingesetzt werden. Massenäquivalenz ermöglichte es Wissenschaftlern zu erkennen, dass sie minimale Mengen dichter radioaktiver Elemente wie Uran verwenden könnten, um große Energiemengen zu erzeugen In kontrollierten Umgebungen wie einem Kraftwerk wird die Strahlung hochradioaktiver Elemente beim Zerfall der Materialien eingefangen und in elektrische Energie umgewandelt.

In seinen späteren Jahren begann Einstein, der immer als etwas Ausreißer galt, sich von den Theorien seiner Kollegen zu distanzieren. Er war mit der Richtung, die die Quantenmechanik einschlug, unzufrieden und sprach sich aktiv gegen seine alten aus Zeitgenossen, selbst nach seinen öffentlichen Debatten mit seinem Freund Niels Bohr. Als Bohr sich immer mehr mit der Mechanik beschäftigte, kreuzten sich ihre Meinungen und Denkschulen nie wieder. Es war Heisenbergs Erklärung, dass die „Quantenrevolution" vorbei sei, die Einstein entschlossen und mit Nachdruck schickte Endgültigkeit, die von der Einrichtung ausgeht.

Obwohl Einsteins größte Errungenschaften alle vor 1930 erzielt wurden, hörte er nie auf, neue Theorien zu entwickeln, Aufsätze zu schreiben und Vorträge zu halten. Zwischen 1930 und seinem Tod im Jahr 1955 veröffentlichte er Hunderte von Kurzwerken und erneuerte seinen jüdischen Glauben. Ihm wurde sogar die Präsidentschaft angeboten des jungen jüdischen souveränen Staates Israel im Jahr 1952. Zum Zeitpunkt seines Todes im Jahr 1955 widmete er seine gesamte Zeit und Forschung der Entwicklung einer sogenannten „einheitlichen Feldtheorie", von der er glaubte, dass sie der Hauptschlüssel sein könnte, um alles zu erschließen der Quanten-, klassischen und mechanischen Physik. Obwohl es ihm vor seinem Tod nicht gelang, diese Hypothese zu untermauern, würde er sich freuen, wenn er wüsste, dass er eine Kampagne ins Leben gerufen hat, die bis heute andauert, um die sogenannte „Theorie von allem" zu finden.

Kapitel 7

Ein Blick in die Zukunft
der Quantenforschung

Obwohl die Grundvoraussetzungen der Quantenphysik bereits Mitte des 20. Jahrhunderts festgelegt wurden, bedeutet das nicht, dass die Fortschritte der Pioniere auf diesem Gebiet damit aufhörten. Wissenschaftler arbeiten weiterhin jeden Tag daran, neue und aufregende Theorien über das Verhalten von zu entschlüsseln Atome, Teilchen und Wellen. Unser ständig wachsendes Wissen über diese unsichtbaren Dinge bringt uns einen Teil der Technologie, die wir in unserem täglichen Leben genießen.

Denken Sie an die Dinge, die Sie getan haben, als Sie heute Morgen aufgestanden sind. Ohne die Pioniere der Elektrizität hätten Sie das Licht anmachen und Ihre Kaffeekanne starten können.

Ohne die Wissenschaftler, die die Mikrowellen entdeckt haben, könnten Sie Ihr Frühstück nicht aufwärmen, und Ihr Mobiltelefon würde ohne Elektroingenieure und Quantenphysiker nicht existieren. Unser Leben wäre völlig anders, wenn wir nicht einige davon hätten brillante wissenschaftliche Köpfe, die das Gebiet der Quantenforschung zu Beginn des 20. Jahrhunderts rasant vorantreiben.

Das Tolle daran ist, dass wir heute die gleichen brillanten Köpfe haben, die unser Verständnis des Quantenverhaltens immer weiter vorantreiben.

Weltweit laufen in unzähligen Laboren Experimente, die in rasender Geschwindigkeit Neues finden.

In der späteren Hälfte des 20. Jahrhunderts begannen sich unter den Quantenwissenschaftlern zwei bedeutende Forschungszweige zu entwickeln, die weiterhin die winzigen Dinge Atome, subatomare Teilchen, Photonen und Quarks erforschen wollten. Sie wollten das Verhalten der kleinsten Teile der Materie klassifizieren .

Die zweite Schule der Quantenphysiker sind diejenigen, die das, was über die kleinsten Dinge bekannt ist, auf die größten Dinge anwenden wollen: Planeten, Sterne, Galaxien und alle anderen sichtbaren und unsichtbaren Körper, aus denen das größere Universum besteht.

Ohne Teilchenphysik hätten Astrophysiker nichts zu studieren. Wenn wir das Verhalten eines Atoms vorhersagen können, können wir das Verhalten von allem ändern, was aus Atomen besteht.

Ebenso bedeutet ein tiefes Verständnis des Wellenverhaltens, dass man weiß, was man von Wellen aller Größen, Wellenlängen und Materieformen, einschließlich Gravitationswellen, erwarten kann. Schauen wir uns an, was heutzutage in beiden Bereichen vor sich geht.

Quantenmechanik in der
21° Jahrhundert

Bei der Erforschung der Quantenmechanik im 21. Jahrhundert gibt es einige Schwerpunkte.

Die erste und bekannteste ist die Existenz des Higgs-Bosuns, die 2012 durch Experimente am Large Hadron Collider am CERN in der Schweiz bestätigt wurde.

Dies war das Ergebnis jahrzehntelanger Untersuchungen der Teile, aus denen Teilchen bestehen. Im Laufe der Mitte bis zum Ende des 20. Jahrhunderts konnten Wissenschaftler feststellen, dass sogar Protonen, Elektronen und Neutronen aus noch kleineren Teilen bestehen Das Higgs-Boson war eines der schwer fassbaren.

Ein weiterer Bereich der Quantenmechanik, den moderne Physiker zu erforschen versuchen, ist die Quantenverschränkung *innerhalb* eines Systems. Obwohl ein Wissenschaftler weiß, dass es innerhalb des Systems zwei unterschiedliche Objekte mit eigenen

Eigenschaften gibt, muss er das Verhalten beider beobachten Materialien, um eines zu studieren. wird ungenau sein.

Ein weiterer zentraler Schwerpunkt der Quantenmechanik ist das Quantencomputing (unter Verwendung der Mathematik zur Vorhersage des Verhaltens von Mikroquantenteilchen wie Quarks und Bosuns) und Quantentransfers, also die Bewegung von Daten und Materie mithilfe von Kommunikation auf Quantenebene. Wirklich Science-Fiction, denn das Ergebnis könnte letztendlich die Übertragung großer Materieteilchen mithilfe von Wellenmechanik und Quantenteilchenbewegung sein.

Natürlich sind wir noch Jahre oder Jahrzehnte davon entfernt, von einem Ort zum anderen transportiert zu werden, wie es in beliebten Science-Fiction-Shows und Filmen dargestellt wird, aber es macht unheimlich viel Spaß, darüber nachzudenken.

Natürlich ist es lästig, dass man es nicht wieder richtig zusammenbauen kann, aber alles rechtzeitig.

Wer sich mit der Quantenmechanik beschäftigt, erweitert auch ständig sein Wissen über das Verhalten von Wellen, was sich direkt auf das Alltagsleben im 21. Jahrhundert auswirkt. Breitbandkommunikation und immer schnellere und zuverlässigere Mobilfunknetze sind ein fantastischer Nutzen der Arbeit der Wellenmechanik-Wissenschaftler Das sind auch die Komponenten, die in unsere Kommunikations- und Unterhaltungsgeräte fließen. Ebenso wichtig ist die Fähigkeit, Empfänger und Transponder zu bauen, die mit der sich schnell weiterentwickelnden Übertragungsausrüstung umgehen können.

Die Quantenmechanik ist auch für viele andere Dinge verantwortlich, die wir alle mit Lasern, Atomuhren, Computern und MRT-Technologie kennen.

Sogar die Technologie, die in Dingen wie Satellitenschüsseln und Sonnenkollektoren steckt, ist der Quantenmechanik und einem grundlegenden Verständnis der Funktionsweise von Teilchen und Wellen zu verdanken.

Einer der bedeutendsten Fortschritte in den letzten hundert Jahren war die Entwicklung des Elektronenmikroskops, ein Geschenk von Wissenschaftlern an Wissenschaftler.

Während diejenigen, die sich mit der Quantenmechanik befassen, ihr Wissen und Verständnis über die mechanische Bewegung der kleinsten Teilchen im Universum ständig erweitern, können Sie sich die Fortschritte, die wir in den nächsten Jahrzehnten und Jahrhunderten erleben werden, nur vorstellen.

Quantenphysik in der
21° Jahrhundert

Die Quantenphysik ist untrennbar mit der Quantenmechanik verbunden, aber während einige Wissenschaftler ihre Energie auf die Untersuchung des infinitesimalen Teilchens konzentrieren, das die Grundlage aller Quantenstudien ist, entscheiden sich andere dafür, das Gesamtbild zu betrachten. Viele Quantenphysiker verbringen heutzutage Zeit mit der Untersuchung und Einsteins Theorien erneut untersuchen und anwenden, um das Universum als Ganzes untersuchen zu können.

Die Entwicklung der Weltraumforschung und unser vertieftes Verständnis des Weltraums sind größtenteils auf Einsteins Relativitätstheorien zurückzuführen. Sei es die Technologie, die in riesigen Teleskopen steckt, die uns helfen, die äußeren Bereiche unseres Sonnensystems oder unserer Galaxie zu sehen, oder das Innenleben bemannter Menschen Während der

Raumfahrt wäre nichts davon möglich, wenn Einstein der Welt nicht die Mittel geben würde, diese Objekte und Menschen in den Weltraum zu bringen und die Ergebnisse ihrer Studien zu interpretieren.

Einsteins Verständnis des Verhaltens der Materie und seine Erklärung der Natur der Schwerkraft waren entscheidend dafür, dass er mehr über das Universum jenseits der Grenzen der Erde erfahren konnte. Gelegenheit für Wissenschaftler und Astronauten, diese Theorien weiterhin als richtig zu beweisen. Von der Fähigkeit, zu sagen, ob Radiowellen werden gebogen, um sich an Gravitationsfelder anzupassen. Um feststellen zu können, ob Planeten entfernte Sterne umkreisen, wird die allgemeine Relativitätstheorie im Weltraum ständig angewendet.

Die Quantenphysik spielte auch eine große Rolle bei der Aufnahme des allerersten Fotos eines Schwarzen Lochs im Jahr 2017. Dies war aus vielen offensichtlichen Gründen eine bahnbrechende Arbeit, aber es ist auch einer der besten Indikatoren dafür, dass Einsteins Theorie im wahrsten Sinne des Wortes wahr ist universell. Das Foto, das über einen Zeitraum von fünf

Tagen mit einer Reihe von acht Teleskopen in einer weltweiten Zusammenarbeit aufgenommen wurde, zeigt eine massive Gaswolke, die ein Schwarzes Loch umgibt, das 54 Lichtjahre von der Erde entfernt ist.

Ein Schwarzes Loch ist ein vertrautes Weltraumobjekt, dessen genaue Natur wir jedoch möglicherweise nie erfahren werden, und das liegt daran, dass seine starke Anziehungskraft es nahezu unmöglich macht, zu wissen, was „im Inneren" des Schwarzen Lochs selbst geschieht. um ihr Wissen in Einklang zu bringen , das Wissen, das sie wollen, und das Wissen, das sie vielleicht nie erlangen werden.

Ein großes Dilemma, mit dem Quantenphysiker konfrontiert sind, besteht darin, dass es seit der Spaltung der Denkschulen zwischen Bohr und Einstein eine Herausforderung darstellt, sich mit der Tatsache auseinanderzusetzen, dass die beiden Grundlagen der Quantenforschung – Mechanik und Relativitätstheorie – im Wesentlichen im Widerspruch zueinander stehen Sonstiges. Beide Lager finden weiterhin neue Erklärungen für die Funktionsweise des Universums, aber keiner kann dem anderen völlig zustimmen. .

Eine Möglichkeit, wie diese Wissenschaftler Einsteins Erbe am Leben erhalten, besteht darin, die Existenz von dunkler Materie und dunkler Energie zu beweisen. Wir wissen, dass Materie und Energie gleichwertig sind, und wir wissen, dass Materie und Energie weder erzeugt noch zerstört werden können. Kräfte im Universum Das kann nur durch das Vorhandensein von Energie und Materie erklärt werden, die wir noch nicht verstanden haben. *Was sind also dunkle Materie und dunkle Energie und was unternehmen Wissenschaftler, um sie zu verstehen?*

Einfach ausgedrückt ist Dunkle Materie das, was übrig bleibt, nachdem die bekannte Materie im Universum berücksichtigt wurde.

Diese Materie könnte aus Schwarzen Löchern, Braunen Zwergen oder anderer dichter, farbloser Materie bestehen, obwohl wir wahrscheinlich in der Lage wären, die Anwesenheit solch großer oder massendichter Objekte zu sehen oder zu erkennen Wir sind damit vertraut, obwohl die Theorie der Antimaterie eher noch Gegenstand von Science-Fiction ist. Es ist sehr wahrscheinlich, dass Dunkle Materie, die etwa 75–80 %

des bekannten Universums ausmacht, eine Kombination aus bisher unerforschten Materien ist - werden Quantenteilchen, unentdeckte Schwarze Löcher und andere dichte Neutronensterne identifiziert.

Die langweiligste und wahrscheinlichste Antwort ist jedoch, dass dunkle Materie aus denselben Atomen und Molekülen besteht wie bekannte Materie; wir konnten sie nur noch nicht sehen.

Dunkle Energie ist eine andere Geschichte.

Dunkle Energie ist die Kraft, die dafür zu sorgen scheint, dass sich das Universum immer weiter ausdehnt, und niemand hat bisher ganz herausgefunden, dass sie diese Expansion beschleunigt. Was wir über dunkle Energie nicht wissen, ist, warum sie das tut Dies. Eine Zeit lang befürchteten Astrophysiker, dass diese schnelle Expansion bedeuten könnte, dass das Universum auf die Selbstzerstörung zusteuert – dass es wie ein elastisches Band, das beim Dehnen potenzielle Energie aufbaut, schließlich einfach zurückschnellen würde. Das würde dazu führen die Umkehrung des Urknalls und wird als „Big Crunch" bezeichnet.

Heute betrachten Wissenschaftler die anhaltende,

beschleunigte Expansion des Universums eher als ein unendliches Verhalten. Obwohl wir wissen, dass Materie und Energie weder erzeugt noch zerstört werden können, wird sich das Universum irgendwann abnutzen müssen, und die Expansion wird entweder aufhören, oder das Universum wird wie ein Ballon platzen. Glücklicherweise müssen wir über keines dieser Ereignisse in unserem Leben nachdenken, aber Physiker arbeiten immer noch daran, Antworten darauf zu finden, warum dunkle Materie und dunkle Energie einen solchen Einfluss auf das Universum haben bekannten Universum. Je mehr Antworten sie erhalten können, desto größer ist die Chance, dass wir alle die Funktionsweise aller Materie verstehen, die wir nicht sehen können.

Erfreulicher als die letztendliche Zerstörung des Universums: Quantenphysiker arbeiten an neuen Wegen, um über die Phasen der Materie nachzudenken, und die bemannte Raumfahrt gibt ihnen die Möglichkeit dazu. Ausgebildete Astronauten auf der Internationalen Raumstation haben Zugang dazu das Vakuum des Weltraums, um Experimente zur Sublimation und

Kondensation durchzuführen und zu sehen, wie sich das Weltraumvakuum auf die Ionisierung verschiedener Elemente auswirkt.

Ein weiterer Vorteil der Möglichkeit, Theorien und Materialien in der Umgebung und im Vakuum des Weltraums testen zu können, besteht darin, dass man Zugang zu einer Schwerelosigkeitsumgebung hat.

Unter diesen Bedingungen können die Schwerkraftkräfte keinen Einfluss auf die Teilchen haben, die die Astronauten untersuchen.

Viele der Menschen, die heute zur Arbeit zur Internationalen Raumstation reisen, sind ausgebildete Wissenschaftler, die die zusätzliche Belastung auf sich genommen haben, Astronauten zu werden, während es in früheren Jahrzehnten Wissenschaftler auf der Erde waren, die den Astronauten beibrachten, wie sie als ihre Forschungsvertreter fungieren sollten im Weltraum. Das Ergebnis ist ein interdisziplinär ausgebildetes Weltraumkontingent, das ständig die Grenzen des Verhaltens von Materie austestet, die sowohl im Weltraum heimisch ist als auch in diese Umgebung eingeführt wird.

Wissenschaftler, die in Observatorien und Raumfahrtagenturen arbeiten, suchen immer nach neuen Wegen, um mehr über die Funktionsweise des Universums zu erfahren, einschließlich Studien über den Ursprung der Materie und darüber, ob die Lichtgeschwindigkeit wirklich die universelle Geschwindigkeitsbegrenzung ist und ob es eine gibt Neue und aufregende Möglichkeiten, Einsteins Prinzipien anzuwenden, um durch die Entdeckung neuer Gravitationsfelder über die äußeren Grenzen des Weltraums hinaus zu „sehen". Ganz gleich, was die Zukunft bringt, wir können alle sicher sein, dass Physiker hart daran arbeiten, uns dabei zu helfen, die eigentliche Natur des Universums zu verstehen Raum, den wir einnehmen, sowohl im winzigen als auch im universellen Maßstab.

Wir sind nun fast am Ende unserer gemeinsamen Zeit angelangt und es war eine echte Zeitreise, etwas über Physik zu lernen!

Bevor Sie zum Abschluss des Buches kommen, finden Sie zwei Anhänge, die Ihnen helfen sollen, die von uns behandelten Konzepte noch einmal zusammenzufassen und sich daran zu erinnern. Der erste Anhang ist eine Zeitleiste früher Durchbrüche und Entdeckungen in der Physik, der zweite Anhang eine Liste mit Formeln und Gleichungen, die Ihnen nützlich sein werden, wenn Sie selbst mit der Berechnung von Zahlen beginnen möchten.

Es gibt so viele verschiedene Bereiche, die aus den bescheidenen Anfängen der klassischen Physik hervorgegangen sind.

Wenn Sie sich dafür interessieren, wie die Welt funktioniert, dann interessieren Sie sich für Physik.

Aber wenn Sie angesichts der Fülle an Möglichkeiten entschieden haben, dass die Quantenphysik nichts für Sie ist, dann herzlichen Glückwunsch! Zumindest haben Sie das Buch bis zum Ende durchgelesen, bevor Sie sich dazu entschieden haben. Vielleicht möchten Sie sich mit der Quantenmechanik befassen Vielleicht neigen Sie eher dazu, in das Lager der klassischen Mechanik zu fallen, wo Sie Thermodynamik, mechanische Wellentheorie oder klassische Statistik studieren könnten .

Wenn Sie sich gerne im Unbekannten versuchen,

möchten Sie vielleicht die Welt der theoretischen Physik erkunden. Sie könnten Hypothesen über Schwarze Löcher, Stringtheorie, Wurmlöcher und Zeitreisen aufstellen. Die Welt braucht mehr Träumer, die bereit sind, ihre Träume zu untermauern Wissenschaft. Viele der coolsten und beliebtesten Erfindungen der Welt wurden von Wissenschaftlern gemacht, die zu träumen wagten. Vielleicht könnten Sie der Nächste sein. Ganz gleich, wo Sie sich in Ihrem Leben befinden oder wohin Ihre wissenschaftliche Reise Sie führen soll, denken Sie einfach daran Es gibt keine falsche Entscheidung, wenn man sich für ein Naturwissenschaftsstudium entscheidet.

Menschen sind von Natur aus neugierige Wesen, und unsere Fähigkeit zu höheren Gedanken und Argumenten unterscheidet uns vom Rest des Tierreichs. Wir könnten theoretisieren, die wissenschaftliche Methode anwenden und Antworten durch Denken, Handeln, Worte und Zahlen erhalten. Alles Angehende Wissenschaftler, das ist ein tröstlicher Gedanke. Obwohl Atome und Teilchen klein und das Universum riesig sind, können wir uns immer darauf verlassen, dass die Wissenschaft konkret ist und uns nicht in die Irre führt. Wir hoffen, dass es Ihnen Spaß gemacht hat, sich durch die Grundlagen zu lesen Quantenphysik und dass Sie inspiriert wurden, Ihr wissenschaftliches Wissen auf die nächste Stufe zu heben!

Anhang A: Zeitleiste der wichtigsten Durchbrüche in der frühen Quantenphysik

Da sich die Entwicklungen in der frühen Erforschung der Quantenphysik oft überschneiden oder in einem schnellen Tempo ablaufen, finden Sie hier eine praktische Zeitleiste aller Ereignisse und Forschungsergebnisse, die wir besprochen haben, damit Sie den Überblick behalten. Ein bisschen physikalische Forschung, aber es ist eine Leitfaden, der Ihnen hilft, sich an die wichtigsten Punkte zu erinnern, die wir im Buch dargelegt haben:

1808 Dalton veröffentlicht seine Hypothese über die Eigenschaften des Atoms.

1865 Maxwell bestimmt die Lichtgeschwindigkeit.

1895 Röntgen entdeckt Röntgenstrahlen.

1897 Thomson entdeckt das Elektron.

1898 Becquerel entdeckt die Radioaktivität; Curies

172

beginnen mit der Erforschung von Radium/Polonium.

1900 Planck quantifiziert Teilchen nach umfangreichen Forschungen zur Schwarzkörperstrahlung.

1903 Becquerel und die Curies erhalten den Nobelpreis für ihre Arbeiten zur Radioaktivität.

1904 Thomson veröffentlicht das Plumpudding-Modell des Atoms.

1905 schlägt Einstein vor, dass Licht auch quantisiert werden kann, und stellt seine Photonentheorie vor.

- Einstein veröffentlicht seine Arbeit zur Unterstützung der Brownschen Bewegung.
- Einstein veröffentlicht die Theorie der speziellen Relativitätstheorie.
- Einstein stellt die *„berühmteste Gleichung der Welt"* *vor* **E=mc2**.

1909 Die Geiger-Marsden-Experimente deuten auf die Existenz eines Atomzentrums hin.

- Perrin prägt den Begriff „Avogadro-Konstante", um den Molwert zu beschreiben.

1911 Rutherford nutzt die Geiger-Marsden-Forschung, um die Kerntheorie vorzuschlagen.

1913 stellt Bohr sein Planetenmodell des Atoms vor.

173

1915 stellt Einstein offiziell die Allgemeine Relativitätstheorie vor.

1918 Planck erhält den Nobelpreis für sein Gesetz und seine Konstante.

1919 Rutherford entdeckt und benennt das Proton.

1921 Einstein erhält den Nobelpreis für seine Theorie des photoelektrischen Effekts.

- Chadwick theoretisiert die Ladung, die den Atomkern zusammenhält.

1923 Compton schließt Forschungen ab, die die Existenz von Photonen bestätigen.

1924 verallgemeinert de Broglie die Theorie des Welle-Teilchen-Dualismus und führt seine Gleichung ein.

1925 Bothe und Geiger wenden die Erhaltungssätze auf atomare Prozesse an.

1926 Schrödinger führt Wellenmechanik und Wellengleichungen ein.

- Lewis benennt das Photon offiziell.

1927 stellt Heisenberg sein Unsicherheitsprinzip vor.

1929 erhält de Broglie den Nobelpreis für seine Arbeit zum Welle- Teilchen-Dualismus .

1932 Heisenberg erhält den Nobelpreis für seine

Einführung in die Quantenmechanik.

1933 Schrödinger erhält den Nobelpreis für seine Erfindung der Wellenmechanik.

Anhang B: Formeln und Gleichungen

Eine Referenzliste grundlegender physikalischer Formeln und Gleichungen sowie der in diesem Buch besprochenen quantenphysikalischen Formeln.

- o *Gewicht*

Gewicht = Masse mal Schwerkraft $\mathbf{W = Mg}$

- o *Geschwindigkeit*

Geschwindigkeit = Distanz/Zeit $\mathbf{s = d/t}$

„Geschwindigkeit" genannt $\mathbf{v = d/t}$

- o *Beschleunigung*

Beschleunigung = Geschwindigkeitsänderung/Zeit $\mathbf{a = (s1 - s2)/t}$

- o *Gewalt*

Kraft = Masse mal Beschleunigung $\mathbf{F = ma}$

- o **Schwung**

Impuls = Masse mal Geschwindigkeit $p = mv$

o **Beschleunigung aufgrund der Schwerkraft**

wobei die Schwerkraft 9,8 m/s2 beträgt, g die Beschleunigung ist, m die Masse ist und r2 der Erdradius ist.

$g = Gm/r2$

o **Avogadros Nummer**

zur Bestimmung des molaren Gehalts $6,02214 \times 10^{23}$ $= mol$

o **de Broglies Gleichung**

zum Beweis der Teilchen-Wellen-Dualität $\lambda = h/mv$

o **de Broglies zweite Gleichung**

um die Frequenz mit der Energie $f = E/h$ in **Beziehung zu setzen**

o **Schrödingers Gleichung**

Frequenz und Wellenlänge in Beziehung setzen $E^{\psi} =$

H $^\psi$

- **Plancksche Konstante**

zur Bestimmung der Quantenenergie **h** $=6{,}6262$ x

10^{-34} **J s**

und reduzierte Konstante **ħ = h**

$$2pi$$

- **Energie eines Photons**

um die Energie eines Lichtteilchens **E= hf zu**

bestimmen

- **Heisenberg-Unsicherheitsprinzip**

um die Abweichung **pq − qp = h/ 2πi zu**

bestimmen

- **Photoelektrischer Effekt**

um den möglichen Elektronenverlust zu quantifizieren

Kmax = hv-W

- **Massenäquivalenz**

um Grenzen von Masse (Energie) und V-Geschwindigkeit aufzuzeigen

$$E = mc2$$

Abschluss

Vielen Dank, dass Sie „Quantenphysik für Anfänger"
gelesen haben. Wir haben in diesem Buch eine enorme
Menge an Informationen zusammengestellt und hoffen,
dass Sie diese wissenschaftliche Reise mit uns genossen
haben. Wir hoffen auch, dass dieses Buch Sie dazu
inspiriert hat, Ihr Studium fortzusetzen und sich tiefer
zu vertiefen tiefer in die Geheimnisse der
Quantenphysik eintauchen.

In diesen Kapiteln haben wir die Anfänge der
Quantenphysik erkundet und einige Zeit damit
verbracht, Ihnen den Hintergrund der frühesten
Pioniere auf diesem Gebiet zu vermitteln.

Von Daltons frühester Beschreibung der Eigenschaften des Atoms bis hin zu Avogadros Bestimmung einer Methode zur Quantifizierung der Anzahl von Atomen in einer bestimmten Materialmenge – die ersten Entdeckungen der Quantenphysik kamen schnell.

Die Arbeiten von Becquerel sowie Marie und Pierre Curie über radioaktive Materialien gaben der Welt überraschende Einblicke in das Verhalten einiger der faszinierendsten, nützlichsten und gefährlichsten Elemente der Welt.

Die Arbeit der ersten Quantenphysiker und Chemiker führte auch zu medizinischem Wissen, das wir auch im 21. Jahrhundert weiterhin nutzen und in neuen, fortschrittlichen Versionen entwickeln.

Als es Wissenschaftlern gelang, Röntgenstrahlen in einem Labor einzusetzen, war es kein großer Sprung, sie auch in der medizinischen Diagnostik praktisch einzusetzen.

Marie Curie selbst arbeitete daran, eine Flotte von Krankenwagen mit tragbaren Röntgengeräten an Bord auszustatten, die von den französischen Truppen im Ersten Weltkrieg eingesetzt werden sollten.

Obwohl sich die Lieferung im Laufe des letzten Jahrhunderts verändert und weiterentwickelt hat, ist dies bei der Basistechnologie des Röntgengeräts nicht der Fall.

Krebsbehandlungen basieren in hohem Maße auf Bestrahlung und Chemotherapie, die alle durch die frühen Arbeiten der Quantenphysik und Chemiker ermöglicht wurden.

Die ersten 15 Jahre des 20. Jahrhunderts brachten eine Zeit rasanter Veränderungen in den Bereichen Quantenphysik und Quantenmechanik. Das Atom selbst durchlief zwei verschiedene modellierte Darstellungen, zuerst Thomsons Plumpudding-Modell und dann Bohrs Arbeitsmodell. als Schrödinger sein Modell vorstellte Modell in den 1920er Jahren. Aber Einstein selbst lernte nicht nur etwas über die Struktur des Atoms, sondern dominierte auch den frühen Teil des 20. Jahrhunderts, indem er allein im Jahr 1905 vier große Theorien und seine Doktorarbeit veröffentlichte.

Schrödinger und de Broglie waren die Männer, die die 1920er Jahre übernahmen, und ihre Gleichungen haben den Test der Zeit bestanden. Durch die Verfeinerung unseres Verständnisses der Teilchen-Wellen-Dualität konnten diese beiden Wissenschaftler eine völlig neue Denk- und Studienrichtung schaffen der Wellenmechanik. Ihre Gleichungen waren bahnbrechend und sind bis heute ein wesentlicher Bestandteil des Fachgebiets.

Ohne diejenigen, die Wellenmechanik studieren, hätten wir nicht viel von der persönlichen Elektroniktechnologie, die wir heute in unseren Häusern haben.

Unabhängig davon, ob Sie Einsteins Relativitätstheorien verstehen oder nicht, lässt sich nicht leugnen, dass diese Hypothesen die Welt verändert haben, nicht nur im Hinblick auf den wissenschaftlichen Fortschritt, sondern auch im täglichen Leben und im Verlauf der Geschichte.

Wer weiß, wo wir im Hinblick auf die wissenschaftliche Entwicklung ohne das Verständnis der Masse-Energie-Äquivalenz stünden?

Sicherlich hatten wir die Atombombe noch nicht, aber wir könnten bei der Erforschung des Weltraums noch Jahrzehnte im Rückstand sein. Es liegt auf der Hand, dass es bei jedem großen wissenschaftlichen Durchbruch ein Geben und Nehmen geben kann, wenn er auf das alltägliche Leben angewendet wird weitere wissenschaftliche Studien. Ethik spielt in der Wissenschaft eine große Rolle, und Physiker müssen ihre Studien immer gegen das Allgemeinwohl abwägen.

Die Zukunft der Quantenphysik ist rosig. Wissenschaftler finden und erforschen weiterhin immer kleinere Teilchen und kommen der Definition des kleinsten Bausteins aller Materie immer näher. Astrophysiker arbeiten daran, den wahren Ursprung aller Materie zu identifizieren und ihr Verhalten im gesamten Universum zu erklären . Zu wissen, woher wir kamen und wie die Materie gleich zu Beginn der Schöpfung entstanden ist, wird uns helfen, zu verstehen und zu verstehen, wohin wir in den kommenden Jahrhunderten gehen werden.

Nochmals vielen Dank, dass Sie „Quantenphysik für Anfänger" gelesen haben. Sie haben sich den Wundern des sichtbaren und unsichtbaren Universums geöffnet und wir hoffen, dass Sie sich dazu entschließen, Ihr Studium fortzusetzen.

Die Welt braucht so viele neugierige, furchtlose Wissenschaftsliebhaber wie möglich.